练习

Eureka Math®
2 年级熟练度
模块 6-8

Great Minds PBC is the creator of Eureka Math®,
Wit & Wisdom®, Alexandria Plan™, and PhD Science™.

Published by Great Minds PBC. greatminds.org

Copyright © 2020 Great Minds PBC. All rights reserved. No part of this work may be reproduced or used in any form or by any means—graphic, electronic, or mechanical, including photocopying or information storage and retrieval systems—without written permission from the copyright holder.

ISBN 978-1-64929-261-2

1 2 3 4 5 6 7 8 9 10 CCD 25 24 23 22 21 20

Printed in the USA

学习·练习·成功

Eureka Math® 的学生教材 A Story of Units® (幼儿园到 5 年级) 可以在学习、练习、成功三合一课程中取得。本系列支持差异学习和辅导,同时保持学生教材条理清晰且易于使用。教育人员会发现学习、练习和成功系列还具备连贯性的介入响应模式 (Response to Intervention / RTI),因此学习更有效率,并提供额外练习和夏季学习资源。

学习

Eureka Math 学习可作为学生的课堂伙伴,帮助其展示自己的想法、分享他们知道的内容、看着他们每天累积知识。学习通过容易存放和浏览的书册集合了每日的课堂作业—应用题、课堂反馈条、习题集和模版。

练习

每堂 Eureka Math 课程从一系列充满活力、欢乐的熟练度活动开始进行,包括 Eureka Math 练习的内容。精通数学的学生可以更深入地掌握更多教材。通过练习,学生将掌握新习得的技能,并加强以前的学习,为下一堂课做准备。

学习和练习一起提供学生用于核心数学教学所需的所有印刷教材。

成功

Eureka Math 成功让学生可以独立学习并精通内容。每一课的额外习题集都与课堂的教学一致,因此非常适合当作家庭作业或额外练习。每个习题集都伴随一个家庭作业助手,它是一组说明如何解决类似问题的练习例题。

老师和导师可以使用前一年级的成功课本作为课程一致性的工具,以填补基础知识的落差。随着熟悉的模型加强与当前年级内容的联系,学生将蓬勃发展,并更快地进步。

学生，家庭和教育工作者：

谢谢您加入 *Eureka Math*® 社区，我们在此赞扬数学带来的乐趣、美好和震撼。我们表现兴奋之情最明显的方式之一，就是通过 *Eureka Math* 练习课程中提供的熟练度练习活动来展现 。

什么是数学的熟练度？

你可能会想到熟练度与语言艺术有关，它指的是轻松地说和写。从学前班直至五年级，*Eureka Math* 的课程包含多个日常建立数学熟练度的机会 。每个机会的设计理念都相同—培养每个学生轻松应用数学的能力。学生通常能以快节奏且充满活力的方式体验到熟练握度，赞赏自己的进步并专注于理解教材的模式与联结。它们不用于评分。

*Eureka Math*的熟练度课程以各种形式提供差异化的练习—有些是通过口头进行，有些要使用教学道具，有些会用到个人白板，还有一些是采用讲义和笔的形式进行。*Eureka Math* 练习为每个学生提供他或她所处年级的熟练度习题印刷教材。

什么是冲刺？

许多印刷的熟练度教学活动采用我们称为冲刺的形式。这些练习利用已经掌握的技能来提高速度和准确性。当学生接近最熟练时采用，冲刺会利用速度来建立低风险的肾上腺素增强功能，从而增加记忆力和回忆力。这个精心设计出的方式让冲刺具有与众不同的特性。习题从简单到复杂，习题的第一象限是最简单的，随后的每个象限都添加了复杂性。此外，习题经过精心的排序，可以让学生投入更高层次的思维能力。

建议实现冲刺的形式，是要求学生以相同的技能进行两个连续的冲刺练习（标记为 A 和 B ），每次计时一分钟。学生在冲刺之间要暂停一下，以阐述他们在进行第一个冲刺时注意到的模式。若能注意到这些模式，通常会自然提高学生在进行第二次冲刺的表现。

冲刺也可以使用不计时方法进行。当学生仍处于第一象限题目的复杂度水平以建立信心的阶段时，强烈建议使用不计时方案。在所有学生都准备好成功冲刺时，提高速度和准确性的练习以计时的方式通常会受到学生的欢迎并且能激励人心。

我在哪里可以找到其他熟练度练习活动？

Eureka Math 教师版指导教育人员进行每节课的所有熟练度活动，包括不需要印刷教材的活动。此外，*Eureka Math* 套装让教育人员可以随时取得所有年级水平的熟练度活动，并且能按标准或课程进行搜索。

祝福您一整年都充满着灵光乍现的时刻！

Jill Diniz

吉尔·迪尼兹（Jill Diniz）
数学总监
Great Minds

内容

模块 6

第 1 课：掌握度练习集 A–E 3
第 3 课：20 以内的减法冲刺 13
第 4 课：跨十加法冲刺 17
第 7 课：十几以内加法冲刺 21
第 8 课：十几以内减法冲刺 25
第 10 课：十几以内加法冲刺 29
第 11 课：跨十减法冲刺 33
第 12 课：熟练度练习集 A–E 37
第 14 课：十几以内减法冲刺 47
第 15 课：跨十减法冲刺 51
第 18 课：十几以内减法冲刺 55
第 19 课：十几以内加法冲刺 59

模块 7

第 1 课：核心熟练度差异化练习集 A–E 65
第 3 课：用 5 进行加减法冲刺 75
第 4 课：用 5 跳数冲刺 79
第 7 课：跨十减法冲刺 83
第 8 课：跨十加法冲刺 87
第 11 课：十几以内减法冲刺 91
第 12 课：跨十加法冲刺 95
第 14 课：减法实例抽认卡集 2 99
第 15 课：用 2 进行加减法冲刺 111
第 16 课：用 3 进行加减法冲刺 115
第 19 课：减法模式冲刺 119
第 20 课：减法模式冲刺 123
第 23 课：跨十加法冲刺 127
第 24 课：减法模式冲刺 131

Copyright © Great Minds PBC

模块8

第 1 课：跨十加法冲刺 ... 137

第 2 课：组成一百来进行加法冲刺 ... 141

第 3 课：核心熟练度差异化练习集 A–E ... 145

第 3 课：百位数位表 ... 155

第 5 课：减法模式冲刺 ... 157

第 6 课：加法和减法模式 ... 161

第 9 课：减法模式冲刺 ... 165

第 10 课：加法模式冲刺 ... 169

第 14 课：用 5 进行加减法冲刺 ... 173

2年级
模块6

姓名 ____________________ 日期 ____________

1.	10 + 3 =	21.	7 + 9 =
2.	10 + 6 =	22.	4 + 8 =
3.	10 + 4 =	23.	5 + 9 =
4.	5 + 10 =	24.	8 + 6 =
5.	8 + 10 =	25.	7 + 5 =
6.	10 + 9 =	26.	5 + 8 =
7.	12 + 2 =	27.	8 + 3 =
8.	13 + 4 =	28.	9 + 8 =
9.	16 + 3 =	29.	6 + 5 =
10.	2 + 17 =	30.	7 + 6 =
11.	5 + 14 =	31.	4 + 6 =
12.	7 + 12 =	32.	8 + 7 =
13.	16 + 3 =	33.	7 + 7 =
14.	11 + 5 =	34.	8 + 6 =
15.	9 + 2 =	35.	6 + 9 =
16.	5 + 9 =	36.	8 + 5 =
17.	7 + 9 =	37.	4 + 7 =
18.	9 + 4 =	38.	3 + 9 =
19.	7 + 8 =	39.	6 + 6 =
20.	8 + 8 =	40.	4 + 9 =

EUREKA MATH 第 1 课： 使用操纵教具来创建相等的组。 3

姓名 ______________________ 日期 ______________

1.	10 + 4 =	21.	4 + 8 =
2.	10 + 9 =	22.	7 + 6 =
3.	5 + 10 =	23.	_____ + 4 = 11
4.	2 + 10 =	24.	_____ + 8 = 13
5.	11 + 4 =	25.	6 + _____ = 14
6.	12 + 5 =	26.	8 + _____ = 15
7.	16 + 2 =	27.	_____ = 9 + 8
8.	13 + _____ = 18	28.	_____ = 4 + 7
9.	11 + _____ = 20	29.	_____ = 7 + 8
10.	14 + 3 =	30.	3 + 9 =
11.	_____ = 3 + 16	31.	6 + 7 =
12.	_____ = 7 + 12	32.	8 + _____ = 13
13.	_____ = 15 + 4	33.	_____ = 7 + 9
14.	9 + 2 =	34.	6 + 5 =
15.	6 + 9 =	35.	_____ = 5 + 7
16.	_____ + 4 = 11	36.	_____ = 8 + 4
17.	_____ + 6 = 13	37.	15 = 8 + _____
18.	_____ + 5 = 12	38.	17 = _____ + 9
19.	8 + 8 =	39.	14 = _____ + 7
20.	6 + 6 =	40.	19 = 8 + _____

姓名 _____ 日期 _____

1.	12 - 2 =	21.	16 - 9 =
2.	18 - 8 =	22.	14 - 6 =
3.	19 - 10 =	23.	16 - 8 =
4.	14 - 10 =	24.	15 - 6 =
5.	16 - 6 =	25.	17 - 8 =
6.	11 - 10 =	26.	18 - 9 =
7.	17 - 12 =	27.	15 - 7 =
8.	20 - 10 =	28.	13 - 8 =
9.	13 - 11 =	29.	11 - 3 =
10.	18 - 13 =	30.	12 - 5 =
11.	12 - 3 =	31.	11 - 2 =
12.	11 - 2 =	32.	13 - 6 =
13.	14 - 2 =	33.	16 - 7 =
14.	13 - 4 =	34.	12 - 8 =
15.	11 - 3 =	35.	16 - 13 =
16.	13 - 2 =	36.	15 - 14 =
17.	12 - 4 =	37.	17 - 12 =
18.	14 - 5 =	38.	19 - 16 =
19.	11 - 4 =	39.	18 - 11 =
20.	12 - 5 =	40.	20 - 16 =

第 1 课： 使用操纵教具来创建相等的组。

姓名 _____   日期 _____

1.	19 - 9 =	21.	16 - 7 =
2.	12 - 10 =	22.	17 - 8 =
3.	18 - 11 =	23.	16 - 7 =
4.	15 - 10 =	24.	14 - 8 =
5.	17 - 12 =	25.	17 - 9 =
6.	16 - 13 =	26.	12 - 9 =
7.	12 - 2 =	27.	16 - 8 =
8.	20 - 10 =	28.	15 - 7 =
9.	14 - 11 =	29.	13 - 8 =
10.	13 - 3 =	30.	14 - 7 =
11.	____ = 11 - 3	31.	13 - 9 =
12.	____ = 14 - 4	32.	15 - 9 =
13.	____ = 13 - 4	33.	14 - 6 =
14.	____ = 11 - 4	34.	____ = 13 - 5
15.	____ = 12 - 3	35.	____ = 15 - 8
16.	____ = 13 - 2	36.	____ = 18 - 9
17.	____ = 11 - 2	37.	____ = 20 - 4
18.	16 - 8 =	38.	____ = 20 - 17
19.	15 - 6 =	39.	____ = 20 - 11
20.	12 - 5 =	40.	____ = 20 - 3

第 1 课: 使用操纵教具来创建相等的组。

单位的故事　　　　　　　　　　　　　　　　　　　　　　　第1课核心熟练度练习集E　2•6

姓名 _____　　日期 _____

1.	13 + 3 =	21.	11 - 8 =
2.	12 + 8 =	22.	13 - 7 =
3.	16 + 2 =	23.	15 - 8 =
4.	11 + 7 =	24.	12 + 6 =
5.	6 + 9 =	25.	13 + 2 =
6.	7 + 8 =	26.	9 + 11 =
7.	4 + 7 =	27.	6 + 8 =
8.	13 - 5 =	28.	8 + 9 =
9.	16 - 6 =	29.	7 + 5 =
10.	17 - 9 =	30.	13 - 7 =
11.	14 - 6 =	31.	15 - 8 =
12.	18 - 7 =	32.	11 - 9 =
13.	8 + 8 =	33.	12 - 3 =
14.	7 + 6 =	34.	14 - 5 =
15.	4 + 9 =	35.	13 + 6 =
16.	5 + 7 =	36.	8 + 5 =
17.	6 + 5 =	37.	4 + 7 =
18.	13 - 8 =	38.	7 + 8 =
19.	16 - 9 =	39.	4 + 9 =
20.	14 - 8 =	40.	20 - 12 =

第1课：　　使用操纵教具来创建相等的组。

A

单位的故事   第3课冲刺 2•6

正确的数字：_____

20 以内的减法

1.	11 - 10 =	
2.	12 - 10 =	
3.	13 - 10 =	
4.	19 - 10 =	
5.	11 - 1 =	
6.	12 - 2 =	
7.	13 - 3 =	
8.	17 - 7 =	
9.	11 - 2 =	
10.	11 - 3 =	
11.	11 - 4 =	
12.	11 - 8 =	
13.	18 - 8 =	
14.	13 - 4 =	
15.	13 - 5 =	
16.	13 - 6 =	
17.	13 - 8 =	
18.	16 - 6 =	
19.	12 - 3 =	
20.	12 - 4 =	
21.	12 - 5 =	
22.	12 - 9 =	

23.	19 - 9 =	
24.	15 - 6 =	
25.	15 - 7 =	
26.	15 - 9 =	
27.	20 - 10 =	
28.	14 - 5 =	
29.	14 - 6 =	
30.	14 - 7 =	
31.	14 - 9 =	
32.	15 - 5 =	
33.	17 - 8 =	
34.	17 - 9 =	
35.	18 - 8 =	
36.	16 - 7 =	
37.	16 - 8 =	
38.	16 - 9 =	
39.	17 - 10 =	
40.	12 - 8 =	
41.	18 - 9 =	
42.	11 - 9 =	
43.	15 - 8 =	
44.	13 - 7 =	

第3课： 使用数学图形表示相等的组，并与重复加法相关联。

B

单位的故事　　　　　　　　　　　　　　　　　　　　　　　　　　第 3 课冲刺　　2•6

正确的数字：_____

20 以内的减法　　　　　　　　　　　　　　　　　　　　　　　　　　提高：_____

1.	11 - 1 =		23.	16 - 6 =	
2.	12 - 2 =		24.	14 - 5 =	
3.	13 - 3 =		25.	14 - 6 =	
4.	18 - 8 =		26.	14 - 7 =	
5.	11 - 10 =		27.	14 - 9 =	
6.	12 - 10 =		28.	20 - 10 =	
7.	13 - 10 =		29.	15 - 6 =	
8.	18 - 10 =		30.	15 - 7 =	
9.	11 - 2 =		31.	15 - 9 =	
10.	11 - 3 =		32.	14 - 4 =	
11.	11 - 4 =		33.	16 - 7 =	
12.	11 - 7 =		34.	16 - 8 =	
13.	19 - 9 =		35.	16 - 9 =	
14.	12 - 3 =		36.	20 - 10 =	
15.	12 - 4 =		37.	17 - 8 =	
16.	12 - 5 =		38.	17 - 9 =	
17.	12 - 8 =		39.	16 - 10 =	
18.	17 - 7 =		40.	18 - 9 =	
19.	13 - 4 =		41.	12 - 9 =	
20.	13 - 5 =		42.	13 - 7 =	
21.	13 - 6 =		43.	11 - 8 =	
22.	13 - 9 =		44.	15 - 8 =	

第 3 课：　　使用数学图形表示相等的组，并与重复加法相关联。

A

正确的数字：________

跨十加法

1.	9 + 1 =		23.	7 + 3 =	
2.	9 + 2 =		24.	7 + 4 =	
3.	9 + 3 =		25.	7 + 5 =	
4.	9 + 9 =		26.	7 + 9 =	
5.	8 + 2 =		27.	6 + 4 =	
6.	8 + 3 =		28.	6 + 5 =	
7.	8 + 4 =		29.	6 + 6 =	
8.	8 + 9 =		30.	6 + 9 =	
9.	9 + 1 =		31.	5 + 5 =	
10.	9 + 4 =		32.	5 + 6 =	
11.	9 + 5 =		33.	5 + 7 =	
12.	9 + 8 =		34.	5 + 9 =	
13.	8 + 2 =		35.	4 + 6 =	
14.	8 + 5 =		36.	4 + 7 =	
15.	8 + 6 =		37.	4 + 9 =	
16.	8 + 8 =		38.	3 + 7 =	
17.	9 + 1 =		39.	3 + 9 =	
18.	9 + 7 =		40.	5 + 8 =	
19.	8 + 2 =		41.	2 + 8 =	
20.	8 + 7 =		42.	4 + 8 =	
21.	9 + 1 =		43.	1 + 9 =	
22.	9 + 6 =		44.	2 + 9 =	

第 4 课： 用带形图表示相等的组，然后与重复加法相关联。 17

B

正确的数字: _____

提高: _____

跨十加法

1.	8 + 2 =	
2.	8 + 3 =	
3.	8 + 4 =	
4.	8 + 8 =	
5.	9 + 1 =	
6.	9 + 2 =	
7.	9 + 3 =	
8.	9 + 8 =	
9.	8 + 2 =	
10.	8 + 5 =	
11.	8 + 6 =	
12.	8 + 9 =	
13.	9 + 1 =	
14.	9 + 4 =	
15.	9 + 5 =	
16.	9 + 9 =	
17.	9 + 1 =	
18.	9 + 7 =	
19.	8 + 2 =	
20.	8 + 7 =	
21.	9 + 1 =	
22.	9 + 6 =	

23.	7 + 3 =	
24.	7 + 4 =	
25.	7 + 5 =	
26.	7 + 8 =	
27.	6 + 4 =	
28.	6 + 5 =	
29.	6 + 6 =	
30.	6 + 8 =	
31.	5 + 5 =	
32.	5 + 6 =	
33.	5 + 7 =	
34.	5 + 8 =	
35.	4 + 6 =	
36.	4 + 7 =	
37.	4 + 8 =	
38.	3 + 7 =	
39.	3 + 9 =	
40.	5 + 9 =	
41.	2 + 8 =	
42.	4 + 9 =	
43.	1 + 9 =	
44.	2 + 9 =	

A

正确的数字：_____

加至十几

1.	9 + 2 =	
2.	9 + 3 =	
3.	9 + 4 =	
4.	9 + 7 =	
5.	7 + 9 =	
6.	10 + 1 =	
7.	10 + 2 =	
8.	10 + 3 =	
9.	10 + 8 =	
10.	8 + 10 =	
11.	8 + 3 =	
12.	8 + 4 =	
13.	8 + 5 =	
14.	8 + 9 =	
15.	9 + 8 =	
16.	7 + 4 =	
17.	10 + 5 =	
18.	6 + 5 =	
19.	7 + 5 =	
20.	9 + 5 =	
21.	5 + 9 =	
22.	10 + 6 =	

23.	4 + 7 =	
24.	4 + 8 =	
25.	5 + 6 =	
26.	5 + 7 =	
27.	3 + 8 =	
28.	3 + 9 =	
29.	2 + 9 =	
30.	5 + 10 =	
31.	5 + 8 =	
32.	9 + 6 =	
33.	6 + 9 =	
34.	7 + 6 =	
35.	6 + 7 =	
36.	8 + 6 =	
37.	6 + 8 =	
38.	8 + 7 =	
39.	7 + 8 =	
40.	6 + 6 =	
41.	7 + 7 =	
42.	8 + 8 =	
43.	9 + 9 =	
44.	4 + 9 =	

B

单位的故事　　　　　　　　　　　　　　　　　　　　　　　第 7 课冲刺　2•6

正确的数字：_____

加至十几　　　　　　　　　　　　　　　　　　　　　　　　　提高：_____

1.	10 + 1 =		23.	5 + 6 =	
2.	10 + 2 =		24.	5 + 7 =	
3.	10 + 3 =		25.	4 + 7 =	
4.	10 + 9 =		26.	4 + 8 =	
5.	9 + 10 =		27.	4 + 10 =	
6.	9 + 2 =		28.	3 + 8 =	
7.	9 + 3 =		29.	3 + 9 =	
8.	9 + 4 =		30.	2 + 9 =	
9.	9 + 8 =		31.	5 + 8 =	
10.	8 + 9 =		32.	7 + 6 =	
11.	8 + 3 =		33.	6 + 7 =	
12.	8 + 4 =		34.	8 + 6 =	
13.	8 + 5 =		35.	6 + 8 =	
14.	8 + 7 =		36.	9 + 6 =	
15.	7 + 8 =		37.	6 + 9 =	
16.	7 + 4 =		38.	9 + 7 =	
17.	10 + 4 =		39.	7 + 9 =	
18.	6 + 5 =		40.	6 + 6 =	
19.	7 + 5 =		41.	7 + 7 =	
20.	9 + 5 =		42.	8 + 8 =	
21.	5 + 9 =		43.	9 + 9 =	
22.	10 + 8 =		44.	4 + 9 =	

第 7 课：　　使用数学图形来表示阵列并区分行和列。

A

正确的数字：_____

从十几中减去

1.	11 - 10 =	
2.	12 - 10 =	
3.	13 - 10 =	
4.	19 - 10 =	
5.	11 - 1 =	
6.	12 - 2 =	
7.	13 - 3 =	
8.	17 - 7 =	
9.	11 - 2 =	
10.	11 - 3 =	
11.	11 - 4 =	
12.	11 - 8 =	
13.	18 - 8 =	
14.	13 - 4 =	
15.	13 - 5 =	
16.	13 - 6 =	
17.	13 - 8 =	
18.	16 - 6 =	
19.	12 - 3 =	
20.	12 - 4 =	
21.	12 - 5 =	
22.	12 - 9 =	

23.	19 - 9 =	
24.	15 - 6 =	
25.	15 - 7 =	
26.	15 - 9 =	
27.	20 - 10 =	
28.	14 - 5 =	
29.	14 - 6 =	
30.	14 - 7 =	
31.	14 - 9 =	
32.	15 - 5 =	
33.	17 - 8 =	
34.	17 - 9 =	
35.	18 - 8 =	
36.	16 - 7 =	
37.	16 - 8 =	
38.	16 - 9 =	
39.	17 - 10 =	
40.	12 - 8 =	
41.	18 - 9 =	
42.	11 - 9 =	
43.	15 - 8 =	
44.	13 - 7 =	

B

单位的故事

正确的数字：_____

从十几中减去

提高：_____

1.	11 - 1 =	
2.	12 - 2 =	
3.	13 - 3 =	
4.	18 - 8 =	
5.	11 - 10 =	
6.	12 - 10 =	
7.	13 - 10 =	
8.	18 - 10 =	
9.	11 - 2 =	
10.	11 - 3 =	
11.	11 - 4 =	
12.	11 - 7 =	
13.	19 - 9 =	
14.	12 - 3 =	
15.	12 - 4 =	
16.	12 - 5 =	
17.	12 - 8 =	
18.	17 - 7 =	
19.	13 - 4 =	
20.	13 - 5 =	
21.	13 - 6 =	
22.	13 - 9 =	

23.	16 - 6 =	
24.	14 - 5 =	
25.	14 - 6 =	
26.	14 - 7 =	
27.	14 - 9 =	
28.	20 - 10 =	
29.	15 - 6 =	
30.	15 - 7 =	
31.	15 - 9 =	
32.	14 - 4 =	
33.	16 - 7 =	
34.	16 - 8 =	
35.	16 - 9 =	
36.	20 - 10 =	
37.	17 - 8 =	
38.	17 - 9 =	
39.	16 - 10 =	
40.	18 - 9 =	
41.	12 - 9 =	
42.	13 - 7 =	
43.	11 - 8 =	
44.	15 - 8 =	

A

单位的故事 第10课冲刺 2•6

正确的数字：_____

加至十几

1.	9 + 1 =	
2.	9 + 2 =	
3.	9 + 3 =	
4.	9 + 9 =	
5.	8 + 2 =	
6.	8 + 3 =	
7.	8 + 4 =	
8.	8 + 9 =	
9.	9 + 1 =	
10.	9 + 4 =	
11.	9 + 5 =	
12.	9 + 8 =	
13.	8 + 2 =	
14.	8 + 5 =	
15.	8 + 6 =	
16.	8 + 8 =	
17.	9 + 1 =	
18.	9 + 7 =	
19.	8 + 2 =	
20.	8 + 7 =	
21.	9 + 1 =	
22.	9 + 6 =	

23.	7 + 3 =	
24.	7 + 4 =	
25.	7 + 5 =	
26.	7 + 9 =	
27.	6 + 4 =	
28.	6 + 5 =	
29.	6 + 6 =	
30.	6 + 9 =	
31.	5 + 5 =	
32.	5 + 6 =	
33.	5 + 7 =	
34.	5 + 9 =	
35.	4 + 6 =	
36.	4 + 7 =	
37.	4 + 9 =	
38.	3 + 7 =	
39.	3 + 9 =	
40.	5 + 8 =	
41.	2 + 8 =	
42.	4 + 8 =	
43.	1 + 9 =	
44.	2 + 9 =	

第10课：　　用方块组成一个矩形，并与阵列模型相关联。

B

正确的数字：_____

加至十几

提高：_____

1.	8 + 2 =		23.	7 + 3 =	
2.	8 + 3 =		24.	7 + 4 =	
3.	8 + 4 =		25.	7 + 5 =	
4.	8 + 8 =		26.	7 + 8 =	
5.	9 + 1 =		27.	6 + 4 =	
6.	9 + 2 =		28.	6 + 5 =	
7.	9 + 3 =		29.	6 + 6 =	
8.	9 + 8 =		30.	6 + 8 =	
9.	8 + 2 =		31.	5 + 5 =	
10.	8 + 5 =		32.	5 + 6 =	
11.	8 + 6 =		33.	5 + 7 =	
12.	8 + 9 =		34.	5 + 8 =	
13.	9 + 1 =		35.	4 + 6 =	
14.	9 + 4 =		36.	4 + 7 =	
15.	9 + 5 =		37.	4 + 8 =	
16.	9 + 9 =		38.	3 + 7 =	
17.	9 + 1 =		39.	3 + 9 =	
18.	9 + 7 =		40.	5 + 9 =	
19.	8 + 2 =		41.	2 + 8 =	
20.	8 + 7 =		42.	4 + 9 =	
21.	9 + 1 =		43.	1 + 9 =	
22.	9 + 6 =		44.	2 + 9 =	

第 10 课： 用方块组成一个矩形，并与阵列模型相关联。

A

单位的故事　　　　　　　　　　　　　　　　　　　　　　　正确的数字：_____

跨十减法

1.	10 - 5 =			23.	14 - 6 =	
2.	20 - 5 =			24.	24 - 6 =	
3.	30 - 5 =			25.	34 - 6 =	
4.	10 - 2 =			26.	15 - 7 =	
5.	20 - 2 =			27.	25 - 7 =	
6.	30 - 2 =			28.	35 - 7 =	
7.	11 - 2 =			29.	11 - 4 =	
8.	21 - 2 =			30.	21 - 4 =	
9.	31 - 2 =			31.	31 - 4 =	
10.	10 - 8 =			32.	12 - 6 =	
11.	11 - 8 =			33.	22 - 6 =	
12.	21 - 8 =			34.	32 - 6 =	
13.	31 - 8 =			35.	21 - 6 =	
14.	14 - 5 =			36.	31 - 6 =	
15.	24 - 5 =			37.	12 - 8 =	
16.	34 - 5 =			38.	32 - 8 =	
17.	15 - 6 =			39.	21 - 8 =	
18.	25 - 6 =			40.	31 - 8 =	
19.	35 - 6 =			41.	28 - 9 =	
20.	10 - 7 =			42.	27 - 8 =	
21.	20 - 8 =			43.	38 - 9 =	
22.	30 - 9 =			44.	37 - 8 =	

第 11 课：　用方块组成一个矩形，并与阵列模型相关联。

B

单位的故事　　　　　　　　　　　　　　　　　　　　　　第 11 课冲刺　2·6

正确的数字: _____

跨十减法　　　　　　　　　　　　　　　　　　　　　　　　　提高: _____

1.	10 - 1 =		23.	13 - 5 =	
2.	20 - 1 =		24.	23 - 5 =	
3.	30 - 1 =		25.	33 - 5 =	
4.	10 - 3 =		26.	16 - 8 =	
5.	20 - 3 =		27.	26 - 8 =	
6.	30 - 3 =		28.	36 - 8 =	
7.	12 - 3 =		29.	12 - 5 =	
8.	22 - 3 =		30.	22 - 5 =	
9.	32 - 3 =		31.	32 - 5 =	
10.	10 - 9 =		32.	11 - 5 =	
11.	11 - 9 =		33.	21 - 5 =	
12.	21 - 9 =		34.	31 - 5 =	
13.	31 - 9 =		35.	12 - 7 =	
14.	13 - 4 =		36.	22 - 7 =	
15.	23 - 4 =		37.	11 - 7 =	
16.	33 - 4 =		38.	31 - 7 =	
17.	16 - 7 =		39.	22 - 9 =	
18.	26 - 7 =		40.	32 - 9 =	
19.	36 - 7 =		41.	38 - 9 =	
20.	10 - 6 =		42.	37 - 8 =	
21.	20 - 7 =		43.	28 - 9 =	
22.	30 - 8 =		44.	27 - 8 =	

第 11 课：　　用方块组成一个矩形，并与阵列模型相关联。

姓名 _____ 日期 _____

1.	10 + 2 =	21.	7 + 9 =
2.	10 + 7 =	22.	5 + 8 =
3.	10 + 5 =	23.	3 + 9 =
4.	4 + 10 =	24.	8 + 6 =
5.	6 + 11 =	25.	7 + 4 =
6.	12 + 2 =	26.	9 + 5 =
7.	14 + 3 =	27.	6 + 6 =
8.	13 + 5 =	28.	8 + 3 =
9.	17 + 2 =	29.	7 + 6 =
10.	12 + 6 =	30.	6 + 9 =
11.	11 + 9 =	31.	8 + 7 =
12.	2 + 16 =	32.	9 + 9 =
13.	15 + 4 =	33.	5 + 7 =
14.	5 + 9 =	34.	8 + 4 =
15.	9 + 2 =	35.	6 + 5 =
16.	4 + 9 =	36.	9 + 7 =
17.	9 + 6 =	37.	6 + 8 =
18.	8 + 9 =	38.	2 + 9 =
19.	7 + 8 =	39.	9 + 8 =
20.	8 + 8 =	40.	7 + 7 =

单位的故事　　　　　　　　　　　　　　　　　　　第 12 课 核心熟练度练习集 B　2•6

姓名 _____　　日期 _____

1.	10 + 6 =	21.	3 + 8 =
2.	10 + 9 =	22.	9 + 4 =
3.	7 + 10 =	23.	____ + 6 = 11
4.	3 + 10 =	24.	____ + 9 = 13
5.	5 + 11 =	25.	8 + ____ = 14
6.	12 + 8 =	26.	7 + ____ = 15
7.	14 + 3 =	27.	____ = 4 + 8
8.	13 + ____ = 19	28.	____ = 8 + 9
9.	15 + ____ = 18	29.	____ = 6 + 4
10.	12 + 5 =	30.	3 + 9 =
11.	____ = 2 + 17	31.	5 + 7 =
12.	____ = 3 + 13	32.	8 + ____ =14
13.	____ = 16 + 2	33.	____ = 5 + 9
14.	9 + 3 =	34.	8 + 8 =
15.	6 + 9 =	35.	____ = 7 + 9
16.	____ + 5 = 14	36.	____ = 8 + 4
17.	____ + 7 = 13	37.	17 = 8 + ____
18.	____ + 8 = 12	38.	19 = ____ + 9
19.	8 + 7 =	39.	12 = ____ + 7
20.	7 + 6 =	40.	15 = 8 + ____

第 12 课：　　这些数学图形以组成带有方块的矩形。

姓名 ______________________ 日期 ______________

1.	13 - 3 =	21.	16 - 8 =
2.	19 - 9 =	22.	14 - 5 =
3.	15 - 10 =	23.	16 - 7 =
4.	18 - 10 =	24.	15 - 7 =
5.	12 - 2 =	25.	17 - 8 =
6.	11 - 10 =	26.	18 - 9 =
7.	17 - 13 =	27.	15 - 6 =
8.	20 - 10 =	28.	13 - 8 =
9.	14 - 11 =	29.	14 - 6 =
10.	16 - 12 =	30.	12 - 5 =
11.	11 - 3 =	31.	11 - 7 =
12.	13 - 2 =	32.	13 - 8 =
13.	14 - 2 =	33.	16 - 9 =
14.	13 - 4 =	34.	12 - 8 =
15.	12 - 3 =	35.	16 - 12 =
16.	11 - 4 =	36.	18 - 15 =
17.	12 - 5 =	37.	15 - 14 =
18.	14 - 5 =	38.	17 - 11 =
19.	11 - 2 =	39.	19 - 13 =
20.	12 - 4 =	40.	20 - 12 =

单位的故事　　第 12 课 核心熟练度练习集 D　　2•6

姓名 _____　　日期 _____

1.	17 - 7 =	21.	16 - 7 =
2.	14 - 10 =	22.	17 - 8 =
3.	19 - 11 =	23.	18 - 7 =
4.	16 - 10 =	24.	14 - 6 =
5.	17 - 12 =	25.	17 - 8 =
6.	15 - 13 =	26.	12 - 8 =
7.	12 - 3 =	27.	14 - 7 =
8.	20 - 11 =	28.	15 - 8 =
9.	18 - 11 =	29.	13 - 5 =
10.	13 - 5 =	30.	16 - 8 =
11.	____ = 11 - 2	31.	14 - 9 =
12.	____ = 12 - 4	32.	15 - 6 =
13.	____ = 13 - 5	33.	13 - 6 =
14.	____ = 12 - 3	34.	____ = 13 - 8
15.	____ = 11 - 4	35.	____ = 15 - 7
16.	____ = 13 - 2	36.	____ = 18 - 9
17.	____ = 11 - 3	37.	____ = 20 - 14
18.	17 - 8 =	38.	____ = 20 - 7
19.	14 - 6 =	39.	____ = 20 - 11
20.	16 - 9 =	40.	____ = 20 - 8

第 12 课：　　这些数学图形以组成带有方块的矩形。

姓名 ________________________ 日期 ____________

1.	11 + 9 =	21.	13 - 7 =
2.	13 + 5 =	22.	11 - 8 =
3.	14 + 3 =	23.	15 - 6 =
4.	12 + 7 =	24.	12 + 7 =
5.	5 + 9 =	25.	14 + 3 =
6.	8 + 8 =	26.	8 + 12 =
7.	14 - 7 =	27.	5 + 7 =
8.	13 - 5 =	28.	8 + 9 =
9.	16 - 7 =	29.	7 + 5 =
10.	17 - 9 =	30.	13 - 6 =
11.	14 - 6 =	31.	14 - 8 =
12.	18 - 5 =	32.	12 - 9 =
13.	9 + 9 =	33.	11 - 3 =
14.	7 + 6 =	34.	14 - 5 =
15.	3 + 9 =	35.	13 - 8 =
16.	6 + 7 =	36.	8 + 5 =
17.	8 + 5 =	37.	4 + 7 =
18.	13 - 8 =	38.	7 + 8 =
19.	16 - 9 =	39.	4 + 9 =
20.	14 - 8 =	40.	20 - 8 =

A

正确的数字：_____

从十几中减去

1.	11 - 10 =
2.	12 - 10 =
3.	13 - 10 =
4.	19 - 10 =
5.	11 - 1 =
6.	12 - 2 =
7.	13 - 3 =
8.	17 - 7 =
9.	11 - 2 =
10.	11 - 3 =
11.	11 - 4 =
12.	11 - 8 =
13.	18 - 8 =
14.	13 - 4 =
15.	13 - 5 =
16.	13 - 6 =
17.	13 - 8 =
18.	16 - 6 =
19.	12 - 3 =
20.	12 - 4 =
21.	12 - 5 =
22.	12 - 9 =

23.	19 - 9 =
24.	15 - 6 =
25.	15 - 7 =
26.	15 - 9 =
27.	20 - 10 =
28.	14 - 5 =
29.	14 - 6 =
30.	14 - 7 =
31.	14 - 9 =
32.	15 - 5 =
33.	17 - 8 =
34.	17 - 9 =
35.	18 - 8 =
36.	16 - 7 =
37.	16 - 8 =
38.	16 - 9 =
39.	17 - 10 =
40.	12 - 8 =
41.	18 - 9 =
42.	11 - 9 =
43.	15 - 8 =
44.	13 - 7 =

B

正确的数字: _____

从十几中减去

提高: _____

1.	11 - 1 =	
2.	12 - 2 =	
3.	13 - 3 =	
4.	18 - 8 =	
5.	11 - 10 =	
6.	12 - 10 =	
7.	13 - 10 =	
8.	18 - 10 =	
9.	11 - 2 =	
10.	11 - 3 =	
11.	11 - 4 =	
12.	11 - 7 =	
13.	19 - 9 =	
14.	12 - 3 =	
15.	12 - 4 =	
16.	12 - 5 =	
17.	12 - 8 =	
18.	17 - 7 =	
19.	13 - 4 =	
20.	13 - 5 =	
21.	13 - 6 =	
22.	13 - 9 =	

23.	16 - 6 =	
24.	14 - 5 =	
25.	14 - 6 =	
26.	14 - 7 =	
27.	14 - 9 =	
28.	20 - 10 =	
29.	15 - 6 =	
30.	15 - 7 =	
31.	15 - 9 =	
32.	14 - 4 =	
33.	16 - 7 =	
34.	16 - 8 =	
35.	16 - 9 =	
36.	20 - 10 =	
37.	17 - 8 =	
38.	17 - 9 =	
39.	16 - 10 =	
40.	18 - 9 =	
41.	12 - 9 =	
42.	13 - 7 =	
43.	11 - 8 =	
44.	15 - 8 =	

A

单位的故事　　　　　　　　　　　　　　　　　　　　　　　第 15 课冲刺

正确的数字：＿＿＿＿＿

跨十减法

1.	10 - 1 =		23.	21 - 6 =	
2.	10 - 2 =		24.	91 - 6 =	
3.	20 - 2 =		25.	10 - 7 =	
4.	40 - 2 =		26.	11 - 7 =	
5.	10 - 2 =		27.	31 - 7 =	
6.	11 - 2 =		28.	10 - 8 =	
7.	21 - 2 =		29.	11 - 8 =	
8.	51 - 2 =		30.	41 - 8 =	
9.	10 - 3 =		31.	10 - 9 =	
10.	11 - 3 =		32.	11 - 9 =	
11.	21 - 3 =		33.	51 - 9 =	
12.	61 - 3 =		34.	12 - 3 =	
13.	10 - 4 =		35.	82 - 3 =	
14.	11 - 4 =		36.	13 - 5 =	
15.	21 - 4 =		37.	73 - 5 =	
16.	71 - 4 =		38.	14 - 6 =	
17.	10 - 5 =		39.	84 - 6 =	
18.	11 - 5 =		40.	15 - 8 =	
19.	21 - 5 =		41.	95 - 8 =	
20.	81 - 5 =		42.	16 - 7 =	
21.	10 - 6 =		43.	46 - 7 =	
22.	11 - 6 =		44.	68 - 9 =	

第 15 课：　使用数学图形以分割矩形的方块，并与重复加法相关联。

B

正确的数字：_____

提高：_____

跨十减法

1.	10 - 2 =	
2.	20 - 2 =	
3.	30 - 2 =	
4.	50 - 2 =	
5.	10 - 2 =	
6.	11 - 2 =	
7.	21 - 2 =	
8.	61 - 2 =	
9.	10 - 3 =	
10.	11 - 3 =	
11.	21 - 3 =	
12.	71 - 3 =	
13.	10 - 4 =	
14.	11 - 4 =	
15.	21 - 4 =	
16.	81 - 4 =	
17.	10 - 5 =	
18.	11 - 5 =	
19.	21 - 5 =	
20.	91 - 5 =	
21.	10 - 6 =	
22.	11 - 6 =	

23.	21 - 6 =	
24.	41 - 6 =	
25.	10 - 7 =	
26.	11 - 7 =	
27.	51 - 7 =	
28.	10 - 8 =	
29.	11 - 8 =	
30.	61 - 8 =	
31.	10 - 9 =	
32.	11 - 9 =	
33.	31 - 9 =	
34.	12 - 3 =	
35.	92 - 3 =	
36.	13 - 5 =	
37.	43 - 5 =	
38.	14 - 6 =	
39.	64 - 6 =	
40.	15 - 8 =	
41.	85 - 8 =	
42.	16 - 7 =	
43.	76 - 7 =	
44.	58 - 9 =	

A

正确的数字：_____

从十几中减去

1.	10 - 3 =			23.	11 - 9 =	
2.	11 - 3 =			24.	12 - 9 =	
3.	12 - 3 =			25.	17 - 9 =	
4.	10 - 2 =			26.	10 - 8 =	
5.	11 - 2 =			27.	11 - 8 =	
6.	10 - 5 =			28.	12 - 8 =	
7.	11 - 5 =			29.	16 - 8 =	
8.	12 - 5 =			30.	10 - 6 =	
9.	14 - 5 =			31.	13 - 6 =	
10.	10 - 4 =			32.	15 - 6 =	
11.	11 - 4 =			33.	10 - 7 =	
12.	12 - 4 =			34.	13 - 7 =	
13.	13 - 4 =			35.	14 - 7 =	
14.	10 - 7 =			36.	16 - 7 =	
15.	11 - 7 =			37.	10 - 8 =	
16.	12 - 7 =			38.	13 - 8 =	
17.	15 - 7 =			39.	14 - 8 =	
18.	10 - 6 =			40.	17 - 8 =	
19.	11 - 6 =			41.	10 - 9 =	
20.	12 - 6 =			42.	13 - 9 =	
21.	14 - 6 =			43.	14 - 9 =	
22.	10 - 9 =			44.	18 - 9 =	

B

单位的故事　　　　　　　　　　　　　　　　　　　　　第18课冲刺　2•6

正确的数字：_____

从十几中减去

提高：_____

1.	10 - 2 =		23.	11 - 7 =	
2.	11 - 2 =		24.	12 - 7 =	
3.	10 - 4 =		25.	16 - 7 =	
4.	11 - 4 =		26.	10 - 9 =	
5.	12 - 4 =		27.	11 - 9 =	
6.	13 - 4 =		28.	12 - 9 =	
7.	10 - 3 =		29.	18 - 9 =	
8.	11 - 3 =		30.	10 - 5 =	
9.	12 - 3 =		31.	13 - 5 =	
10.	10 - 6 =		32.	10 - 6 =	
11.	11 - 6 =		33.	13 - 6 =	
12.	12 - 6 =		34.	14 - 6 =	
13.	15 - 6 =		35.	10 - 7 =	
14.	10 - 5 =		36.	13 - 7 =	
15.	11 - 5 =		37.	15 - 7 =	
16.	12 - 5 =		38.	10 - 8 =	
17.	14 - 5 =		39.	13 - 8 =	
18.	10 - 8 =		40.	14 - 8 =	
19.	11 - 8 =		41.	16 - 8 =	
20.	12 - 8 =		42.	10 - 9 =	
21.	17 - 8 =		43.	16 - 9 =	
22.	10 - 7 =		44.	17 - 9 =	

第18课：　将对象配对并跳过计数以与偶数相关联。

A

正确的数字：_____

加至十几

1.	9 + 2 =		23.	4 + 7 =	
2.	9 + 3 =		24.	4 + 8 =	
3.	9 + 4 =		25.	5 + 6 =	
4.	9 + 7 =		26.	5 + 7 =	
5.	7 + 9 =		27.	3 + 8 =	
6.	10 + 1 =		28.	3 + 9 =	
7.	10 + 2 =		29.	2 + 9 =	
8.	10 + 3 =		30.	5 + 10 =	
9.	10 + 8 =		31.	5 + 8 =	
10.	8 + 10 =		32.	9 + 6 =	
11.	8 + 3 =		33.	6 + 9 =	
12.	8 + 4 =		34.	7 + 6 =	
13.	8 + 5 =		35.	6 + 7 =	
14.	8 + 9 =		36.	8 + 6 =	
15.	9 + 8 =		37.	6 + 8 =	
16.	7 + 4 =		38.	8 + 7 =	
17.	10 + 5 =		39.	7 + 8 =	
18.	6 + 5 =		40.	6 + 6 =	
19.	7 + 5 =		41.	7 + 7 =	
20.	9 + 5 =		42.	8 + 8 =	
21.	5 + 9 =		43.	9 + 9 =	
22.	10 + 6 =		44.	4 + 9 =	

第19课： 研究偶数的模式：偶数中的0、2、4、6和8位置，并与奇数相关联。

单位的故事 　　　　　　　　　　　　　　　　　　　　　　　　　　　　第 19 课冲刺　2•6

B

正确的数字：_____

加至十几

提高：_____

1.	10 + 1 =	
2.	10 + 2 =	
3.	10 + 3 =	
4.	10 + 9 =	
5.	9 + 10 =	
6.	9 + 2 =	
7.	9 + 3 =	
8.	9 + 4 =	
9.	9 + 8 =	
10.	8 + 9 =	
11.	8 + 3 =	
12.	8 + 4 =	
13.	8 + 5 =	
14.	8 + 7 =	
15.	7 + 8 =	
16.	7 + 4 =	
17.	10 + 4 =	
18.	6 + 5 =	
19.	7 + 5 =	
20.	9 + 5 =	
21.	5 + 9 =	
22.	10 + 8 =	

23.	5 + 6 =	
24.	5 + 7 =	
25.	4 + 7 =	
26.	4 + 8 =	
27.	4 + 10 =	
28.	3 + 8 =	
29.	3 + 9 =	
30.	2 + 9 =	
31.	5 + 8 =	
32.	7 + 6 =	
33.	6 + 7 =	
34.	8 + 6 =	
35.	6 + 8 =	
36.	9 + 6 =	
37.	6 + 9 =	
38.	9 + 7 =	
39.	7 + 9 =	
40.	6 + 6 =	
41.	7 + 7 =	
42.	8 + 8 =	
43.	9 + 9 =	
44.	4 + 9 =	

第 19 课：　　研究偶数的模式：偶数中的0、2、4、6和8位置，并与奇数相关联。

2年级
模块7

姓名		日期	

1.	10 + 2 =	21.	7 + 9 =
2.	10 + 7 =	22.	5 + 8 =
3.	10 + 5 =	23.	3 + 9 =
4.	4 + 10 =	24.	8 + 6 =
5.	6 + 11 =	25.	7 + 4 =
6.	12 + 2 =	26.	9 + 5 =
7.	14 + 3 =	27.	6 + 6 =
8.	13 + 5 =	28.	8 + 3 =
9.	17 + 2 =	29.	7 + 6 =
10.	12 + 6 =	30.	6 + 9 =
11.	11 + 9 =	31.	8 + 7 =
12.	2 + 16 =	32.	9 + 9 =
13.	15 + 4 =	33.	5 + 7 =
14.	5 + 9 =	34.	8 + 4 =
15.	9 + 2 =	35.	6 + 5 =
16.	4 + 9 =	36.	9 + 7 =
17.	9 + 6 =	37.	6 + 8 =
18.	8 + 9 =	38.	2 + 9 =
19	7 + 8 =	39.	9 + 8 =
20.	8 + 8 =	40.	7 + 7 =

单位的故事　　　　　　　　　　　　　　　　　　　　　　　　第1课核心熟练度练习B　2•7

姓名 _____　　日期 _____

1.	10 + 6 =	21.	3 + 8 =
2.	10 + 9 =	22.	9 + 4 =
3.	7 + 10 =	23.	____ + 6 = 11
4.	3 + 10 =	24.	____ + 9 = 13
5.	5 + 11 =	25.	8 + ____ = 14
6.	12 + 8 =	26.	7 + ____ = 15
7.	14 + 3 =	27.	____ = 4 + 8
8.	13 + ____ = 19	28.	____ = 8 + 9
9.	15 + ____ = 18	29.	____ = 6 + 4
10.	12 + 5 =	30.	3 + 9 =
11.	____ = 2 + 17	31.	5 + 7 =
12.	____ = 3 + 13	32.	8 + ____ = 14
13.	____ = 16 + 2	33.	____ = 5 + 9
14.	9 + 3 =	34.	8 + 8 =
15.	6 + 9 =	35.	____ = 7 + 9
16.	____ + 5 = 14	36.	____ = 8 + 4
17.	____ + 7 = 13	37.	17 = 8 + ____
18.	____ + 8 = 12	38.	19 = ____ + 9
19.	8 + 7 =	39.	12 = ____ + 7
20.	7 + 6 =	40.	15 = 8 + ____

第1课：　　使用多达四个类别将数据排序并记录到表中；使用类别计数求解文字题。

姓名 ________________________ 日期 ______________

1.	13 - 3 =	21.	16 - 8 =
2.	19 - 9 =	22.	14 - 5 =
3.	15 - 10 =	23.	16 - 7 =
4.	18 - 10 =	24.	15 - 7 =
5.	12 - 2 =	25.	17 - 8 =
6.	11 - 10 =	26.	18 - 9 =
7.	17 - 13 =	27.	15 - 6 =
8.	20 - 10 =	28.	13 - 8 =
9.	14 - 11 =	29.	14 - 6 =
10.	16 - 12 =	30.	12 - 5 =
11.	11 - 3 =	31.	11 - 7 =
12.	13 - 2 =	32.	13 - 8 =
13.	14 - 2 =	33.	16 - 9 =
14.	13 - 4 =	34.	12 - 8 =
15.	12 - 3 =	35.	16 - 12 =
16.	11 - 4 =	36.	18 - 15 =
17.	12 - 5 =	37.	15 - 14 =
18.	14 - 5 =	38.	17 - 11 =
19	11 - 2 =	39.	19 - 13 =
20.	12 - 4 =	40.	20 - 12 =

姓名 ______________________ 日期 ______________

1.	17 - 7 =	21.	16 - 7 =
2.	14 - 10 =	22.	17 - 8 =
3.	19 - 11 =	23.	18 - 7 =
4.	16 - 10 =	24.	14 - 6 =
5.	17 - 12 =	25.	17 - 8 =
6.	15 - 13 =	26.	12 - 8 =
7.	12 - 3 =	27.	14 - 7 =
8.	20 - 11 =	28.	15 - 8 =
9.	18 - 11 =	29.	13 - 5 =
10.	13 - 5 =	30.	16 - 8 =
11.	_____ = 11 - 2	31.	14 - 9 =
12.	_____ = 12 - 4	32.	15 - 6 =
13.	_____ = 13 - 5	33.	13 - 6 =
14.	_____ = 12 - 3	34.	_____ = 13 - 8
15.	_____ = 11 - 4	35.	_____ = 15 - 7
16.	_____ = 13 - 2	36.	_____ = 18 - 9
17.	_____ = 11 - 3	37.	_____ = 20 - 14
18.	17 - 8 =	38.	_____ = 20 - 7
19	14 - 6 =	39.	_____ = 20 - 11
20.	16 - 9 =	40.	_____ = 20 - 8

姓名 ________________________________ 日期 ______________

1.	11 + 9 =	21.	13 - 7 =
2.	13 + 5 =	22.	11 - 8 =
3.	14 + 3 =	23.	15 - 6 =
4.	12 + 7 =	24.	12 + 7 =
5.	5 + 9 =	25.	14 + 3 =
6.	8 + 8 =	26.	8 + 12 =
7.	14 - 7 =	27.	5 + 7 =
8.	13 - 5 =	28.	8 + 9 =
9.	16 - 7 =	29.	7 + 5 =
10.	17 - 9 =	30.	13 - 6 =
11.	14 - 6 =	31.	14 - 8 =
12.	18 - 5 =	32.	12 - 9 =
13.	9 + 9 =	33.	11 - 3 =
14.	7 + 6 =	34.	14 - 5 =
15.	3 + 9 =	35.	13 - 8 =
16.	6 + 7 =	36.	8 + 5 =
17.	8 + 5 =	37.	4 + 7 =
18.	13 - 8 =	38.	7 + 8 =
19	16 - 9 =	39.	4 + 9 =
20.	14 - 8 =	40.	20 - 8 =

单位的故事　　　　　　　　　　　　　　　　　　　　第3课冲刺　2•7

A

正确的数字：_____

用 5 进行加减法

1.	0 + 5 =		23.	10 + 5 =	
2.	5 + 5 =		24.	15 + 5 =	
3.	10 + 5 =		25.	20 + 5 =	
4.	15 + 5 =		26.	25 + 5 =	
5.	20 + 5 =		27.	30 + 5 =	
6.	25 + 5 =		28.	35 + 5 =	
7.	30 + 5 =		29.	40 + 5 =	
8.	35 + 5 =		30.	45 + 5 =	
9.	40 + 5 =		31.	0 + 50 =	
10.	45 + 5 =		32.	50 + 50 =	
11.	50 − 5 =		33.	50 + 5 =	
12.	45 − 5 =		34.	55 + 5 =	
13.	40 − 5 =		35.	60 − 5 =	
14.	35 − 5 =		36.	55 − 5 =	
15.	30 − 5 =		37.	60 + 5 =	
16.	25 − 5 =		38.	65 + 5 =	
17.	20 − 5 =		39.	70 − 5 =	
18.	15 − 5 =		40.	65 − 5 =	
19.	10 − 5 =		41.	100 + 50 =	
20.	5 − 5 =		42.	150 + 50 =	
21.	5 + 0 =		43.	200 − 50 =	
22.	5 + 5 =		44.	150 − 50 =	

第3课：　绘制并标记条形图以表示数据；将计数刻度与数轴相关联。

| 单位的故事 | 第3课冲刺 | 2•7 |

B

正确的数字: _____

用 5 进行加减法

提高: _____

1.	5 + 0 =		23.	10 + 5 =	
2.	5 + 5 =		24.	15 + 5 =	
3.	5 + 10 =		25.	20 + 5 =	
4.	5 + 15 =		26.	25 + 5 =	
5.	5 + 20 =		27.	30 + 5 =	
6.	5 + 25 =		28.	35 + 5 =	
7.	5 + 30 =		29.	40 + 5 =	
8.	5 + 35 =		30.	45 + 5 =	
9.	5 + 40 =		31.	50 + 0 =	
10.	5 + 45 =		32.	50 + 50 =	
11.	50 − 5 =		33.	5 + 50 =	
12.	45 − 5 =		34.	5 + 55 =	
13.	40 − 5 =		35.	60 − 5 =	
14.	35 − 5 =		36.	55 − 5 =	
15.	30 − 5 =		37.	5 + 60 =	
16.	25 − 5 =		38.	5 + 65 =	
17.	20 − 5 =		39.	70 − 5 =	
18.	15 − 5 =		40.	65 − 5 =	
19.	10 − 5 =		41.	50 + 100 =	
20.	5 − 5 =		42.	50 + 150 =	
21.	0 + 5 =		43.	200 − 50 =	
22.	5 + 5 =		44.	150 − 50 =	

第3课: 绘制并标记条形图以表示数据;将计数刻度与数轴相关联。

A

单位的故事 第4课冲刺 2•7

正确的数字：_____

用 5 跳着计数

1.	0, 5, __		23.	35, __, 45	
2.	5, 10, __		24.	15, __, 25	
3.	10, 15, __		25.	40, __, 50	
4.	15, 20, __		26.	25, __, 15	
5.	20, 25, __		27.	50, __, 40	
6.	25, 30, __		28.	20, __, 10	
7.	30, 35, __		29.	45, __, 35	
8.	35, 40, __		30.	15, __, 5	
9.	40, 45, __		31.	40, __, 30	
10.	50, 45, __		32.	10, __, 0	
11.	45, 40, __		33.	35, __, 25	
12.	40, 35, __		34.	__, 10, 5	
13.	35, 30, __		35.	__, 35, 30	
14.	30, 25, __		36.	__, 15, 10	
15.	25, 20, __		37.	__, 40, 35	
16.	20, 15, __		38.	__, 20, 15	
17.	15, 10, __		39.	__, 45, 40	
18.	0, __, 10		40.	50, 55, __	
19.	25, __, 35		41.	45, 50, __	
20.	5, __, 15		42.	65, __, 55	
21.	30, __, 40		43.	55, 60, __	
22.	10, __, 20		44.	60, 65, __	

第4课： 绘制条形图以表示给定的数据集。

B

单位的故事 第4课冲刺 2•7

正确的数字：_____

用 5 跳着计数

提高：_____

1.	5, 10, __	
2.	10, 15, __	
3.	15, 20, __	
4.	20, 25, __	
5.	25, 30, __	
6.	30, 35, __	
7.	35, 40, __	
8.	40, 45, __	
9.	50, 45, __	
10.	45, 40, __	
11.	40, 35, __	
12.	35, 30, __	
13.	30, 25, __	
14.	25, 20, __	
15.	20, 15, __	
16.	15, 10, __	
17.	0, __, 10	
18.	25, __, 35	
19.	5, __, 15	
20.	30, __, 40	
21.	10, __, 20	
22.	35, __, 45	

23.	15, __, 25	
24.	35, __, 45	
25.	30, __, 20	
26.	25, __, 15	
27.	50, __, 40	
28.	20, __, 10	
29.	45, __, 35	
30.	15, __, 5	
31.	35, __, 25	
32.	10, __, 0	
33.	35, __, 25	
34.	__, 15, 10	
35.	__, 40, 35	
36.	__, 20, 15	
37.	__, 45, 40	
38.	__, 10, 5	
39.	__, 35, 30	
40.	45, 50, __	
41.	50, 55, __	
42.	55, 60, __	
43.	65, __, 55	
44.	__, 60, 55	

第 4 课： 绘制条形图以表示给定的数据集。

A

正确的数字：_____

跨十减法

1.	10 - 3 =		23.	11 - 9 =	
2.	11 - 3 =		24.	12 - 9 =	
3.	12 - 3 =		25.	17 - 9 =	
4.	10 - 2 =		26.	10 - 8 =	
5.	11 - 2 =		27.	11 - 8 =	
6.	10 - 5 =		28.	12 - 8 =	
7.	11 - 5 =		29.	16 - 8 =	
8.	12 - 5 =		30.	10 - 6 =	
9.	14 - 5 =		31.	13 - 6 =	
10.	10 - 4 =		32.	15 - 6 =	
11.	11 - 4 =		33.	10 - 7 =	
12.	12 - 4 =		34.	13 - 7 =	
13.	13 - 4 =		35.	14 - 7 =	
14.	10 - 7 =		36.	16 - 7 =	
15.	11 - 7 =		37.	10 - 8 =	
16.	12 - 7 =		38.	13 - 8 =	
17.	15 - 7 =		39.	14 - 8 =	
18.	10 - 6 =		40.	17 - 8 =	
19.	11 - 6 =		41.	10 - 9 =	
20.	12 - 6 =		42.	13 - 9 =	
21.	14 - 6 =		43.	14 - 9 =	
22.	10 - 9 =		44.	18 - 9 =	

第 7 课： 求解涉及一组硬币总值的文字题。

单位的故事 第 7 课冲刺 2•7

B

正确的数字：________

跨十减法

提高：________

1.	10 - 2 =	
2.	11 - 2 =	
3.	10 - 4 =	
4.	11 - 4 =	
5.	12 - 4 =	
6.	13 - 4 =	
7.	10 - 3 =	
8.	11 - 3 =	
9.	12 - 3 =	
10.	10 - 6 =	
11.	11 - 6 =	
12.	12 - 6 =	
13.	15 - 6 =	
14.	10 - 5 =	
15.	11 - 5 =	
16.	12 - 5 =	
17.	14 - 5 =	
18.	10 - 8 =	
19.	11 - 8 =	
20.	12 - 8 =	
21.	17 - 8 =	
22.	10 - 7 =	

23.	11 - 7 =	
24.	12 - 7 =	
25.	16 - 7 =	
26.	10 - 9 =	
27.	11 - 9 =	
28.	12 - 9 =	
29.	18 - 9 =	
30.	10 - 5 =	
31.	13 - 5 =	
32.	10 - 6 =	
33.	13 - 6 =	
34.	14 - 6 =	
35.	10 - 7 =	
36.	13 - 7 =	
37.	15 - 7 =	
38.	10 - 8 =	
39.	13 - 8 =	
40.	14 - 8 =	
41.	16 - 8 =	
42.	10 - 9 =	
43.	16 - 9 =	
44.	17 - 9 =	

EUREKA MATH 第 7 课： 求解涉及一组硬币总值的文字题。 85

A

正确的数字：_____

跨十加法

1.	9 + 2 =	
2.	9 + 3 =	
3.	9 + 4 =	
4.	9 + 7 =	
5.	7 + 9 =	
6.	10 + 1 =	
7.	10 + 2 =	
8.	10 + 3 =	
9.	10 + 8 =	
10.	8 + 10 =	
11.	8 + 3 =	
12.	8 + 4 =	
13.	8 + 5 =	
14.	8 + 9 =	
15.	9 + 8 =	
16.	7 + 4 =	
17.	10 + 5 =	
18.	6 + 5 =	
19.	7 + 5 =	
20.	9 + 5 =	
21.	5 + 9 =	
22.	10 + 6 =	

23.	4 + 7 =	
24.	4 + 8 =	
25.	5 + 6 =	
26.	5 + 7 =	
27.	3 + 8 =	
28.	3 + 9 =	
29.	2 + 9 =	
30.	5 + 10 =	
31.	5 + 8 =	
32.	9 + 6 =	
33.	6 + 9 =	
34.	7 + 6 =	
35.	6 + 7 =	
36.	8 + 6 =	
37.	6 + 8 =	
38.	8 + 7 =	
39.	7 + 8 =	
40.	6 + 6 =	
41.	7 + 7 =	
42.	8 + 8 =	
43.	9 + 9 =	
44.	4 + 9 =	

第 8 课：　　求解涉及一组纸币总价值的文字题。

B

单位的故事 第8课冲刺练习 2•7

跨十加法

正确的数字：_____

提高：_____

1.	10 + 1 =		23.	5 + 6 =	
2.	10 + 2 =		24.	5 + 7 =	
3.	10 + 3 =		25.	4 + 7 =	
4.	10 + 9 =		26.	4 + 8 =	
5.	9 + 10 =		27.	4 + 10 =	
6.	9 + 2 =		28.	3 + 8 =	
7.	9 + 3 =		29.	3 + 9 =	
8.	9 + 4 =		30.	2 + 9 =	
9.	9 + 8 =		31.	5 + 8 =	
10.	8 + 9 =		32.	7 + 6 =	
11.	8 + 3 =		33.	6 + 7 =	
12.	8 + 4 =		34.	8 + 6 =	
13.	8 + 5 =		35.	6 + 8 =	
14.	8 + 7 =		36.	9 + 6 =	
15.	7 + 8 =		37.	6 + 9 =	
16.	7 + 4 =		38.	9 + 7 =	
17.	10 + 4 =		39.	7 + 9 =	
18.	6 + 5 =		40.	6 + 6 =	
19.	7 + 5 =		41.	7 + 7 =	
20.	9 + 5 =		42.	8 + 8 =	
21.	5 + 9 =		43.	9 + 9 =	
22.	10 + 8 =		44.	4 + 9 =	

第8课：　求解涉及一组纸币总价值的文字题。

A

正确的数字：＿＿＿＿

从十几中减去

1.	11 - 10 =		23.	19 - 9 =	
2.	12 - 10 =		24.	15 - 6 =	
3.	13 - 10 =		25.	15 - 7 =	
4.	19 - 10 =		26.	15 - 9 =	
5.	11 - 1 =		27.	20 - 10 =	
6.	12 - 2 =		28.	14 - 5 =	
7.	13 - 3 =		29.	14 - 6 =	
8.	17 - 7 =		30.	14 - 7 =	
9.	11 - 2 =		31.	14 - 9 =	
10.	11 - 3 =		32.	15 - 5 =	
11.	11 - 4 =		33.	17 - 8 =	
12.	11 - 8 =		34.	17 - 9 =	
13.	18 - 8 =		35.	18 - 8 =	
14.	13 - 4 =		36.	16 - 7 =	
15.	13 - 5 =		37.	16 - 8 =	
16.	13 - 6 =		38.	16 - 9 =	
17.	13 - 8 =		39.	17 - 10 =	
18.	16 - 6 =		40.	12 - 8 =	
19.	12 - 3 =		41.	18 - 9 =	
20.	12 - 4 =		42.	11 - 9 =	
21.	12 - 5 =		43.	15 - 8 =	
22.	12 - 9 =		44.	13 - 7 =	

第 11 课： 使用不同的策略获得1美元，或从1美元找零。

B

单位的故事　　　　　　　　　　　　　　　　　　　　　　　　　　第 11 课冲刺　2•7

正确的数字：＿＿＿＿＿

从十几中减去　　　　　　　　　　　　　　　　　　　　　　　提高：＿＿＿＿＿

1.	11 - 1 =		23.	16 - 6 =	
2.	12 - 2 =		24.	14 - 5 =	
3.	13 - 3 =		25.	14 - 6 =	
4.	18 - 8 =		26.	14 - 7 =	
5.	11 - 10 =		27.	14 - 9 =	
6.	12 - 10 =		28.	20 - 10 =	
7.	13 - 10 =		29.	15 - 6 =	
8.	18 - 10 =		30.	15 - 7 =	
9.	11 - 2 =		31.	15 - 9 =	
10.	11 - 3 =		32.	14 - 4 =	
11.	11 - 4 =		33.	16 - 7 =	
12.	11 - 7 =		34.	16 - 8 =	
13.	19 - 9 =		35.	16 - 9 =	
14.	12 - 3 =		36.	20 - 10 =	
15.	12 - 4 =		37.	17 - 8 =	
16.	12 - 5 =		38.	17 - 9 =	
17.	12 - 8 =		39.	16 - 10 =	
18.	17 - 7 =		40.	18 - 9 =	
19.	13 - 4 =		41.	12 - 9 =	
20.	13 - 5 =		42.	13 - 7 =	
21.	13 - 6 =		43.	11 - 8 =	
22.	13 - 9 =		44.	15 - 8 =	

第 11 课：　使用不同的策略获得1美元，或从1美元找零。

A

单位的故事　　　　　　　　　　　　　　　　第 12 课冲刺　　2•7

正确的数字：_____

跨十加法

1.	9 + 2 =		23.	4 + 7 =	
2.	9 + 3 =		24.	4 + 8 =	
3.	9 + 4 =		25.	5 + 6 =	
4.	9 + 7 =		26.	5 + 7 =	
5.	7 + 9 =		27.	3 + 8 =	
6.	10 + 1 =		28.	3 + 9 =	
7.	10 + 2 =		29.	2 + 9 =	
8.	10 + 3 =		30.	5 + 10 =	
9.	10 + 8 =		31.	5 + 8 =	
10.	8 + 10 =		32.	9 + 6 =	
11.	8 + 3 =		33.	6 + 9 =	
12.	8 + 4 =		34.	7 + 6 =	
13.	8 + 5 =		35.	6 + 7 =	
14.	8 + 9 =		36.	8 + 6 =	
15.	9 + 8 =		37.	6 + 8 =	
16.	7 + 4 =		38.	8 + 7 =	
17.	10 + 5 =		39.	7 + 8 =	
18.	6 + 5 =		40.	6 + 6 =	
19.	7 + 5 =		41.	7 + 7 =	
20.	9 + 5 =		42.	8 + 8 =	
21.	5 + 9 =		43.	9 + 9 =	
22.	10 + 6 =		44.	4 + 9 =	

第 12 课：　　求解涉及以不同方式从1美元找零的文字题。

B

单位的故事　　　　　　　　　　　　　　　　　　　　　　　　　　　第 12 课冲刺　2•7

正确的数字：_____

跨十加法　　　　　　　　　　　　　　　　　　　　　　　　　　　　　提高：_____

1.	10 + 1 =		23.	5 + 6 =	
2.	10 + 2 =		24.	5 + 7 =	
3.	10 + 3 =		25.	4 + 7 =	
4.	10 + 9 =		26.	4 + 8 =	
5.	9 + 10 =		27.	4 + 10 =	
6.	9 + 2 =		28.	3 + 8 =	
7.	9 + 3 =		29.	3 + 9 =	
8.	9 + 4 =		30.	2 + 9 =	
9.	9 + 8 =		31.	5 + 8 =	
10.	8 + 9 =		32.	7 + 6 =	
11.	8 + 3 =		33.	6 + 7 =	
12.	8 + 4 =		34.	8 + 6 =	
13.	8 + 5 =		35.	6 + 8 =	
14.	8 + 7 =		36.	9 + 6 =	
15.	7 + 8 =		37.	6 + 9 =	
16.	7 + 4 =		38.	9 + 7 =	
17.	10 + 4 =		39.	7 + 9 =	
18.	6 + 5 =		40.	6 + 6 =	
19.	7 + 5 =		41.	7 + 7 =	
20.	9 + 5 =		42.	8 + 8 =	
21.	5 + 9 =		43.	9 + 9 =	
22.	10 + 8 =		44.	4 + 9 =	

第 12 课：　求解涉及以不同方式从 1 美元找零的文字题。

11 − 1	11 − 2
11 − 3	11 − 4
11 − 5	11 − 6
11 − 7	11 − 8
11 − 9	12 − 3

减法实例抽认卡集 2

12 - 4	12 - 5
12 - 6	12 - 7
12 - 8	12 - 9
13 - 4	13 - 5
13 - 6	13 - 7

减法实例抽认卡集 2

第 14 课: 通过使用要测量的英寸方块的迭代,将测量值与具体单位连接起来。

13 - 8	13 - 9
14 - 5	14 - 6
14 - 7	14 - 8
14 - 9	15 - 6
15 - 7	15 - 8

单位的故事

第 14 课熟练度模板 2•7

减法实例抽认卡集 2

第 14 课： 通过使用要测量的英寸方块的迭代,将测量值与具体单位连接起来。

15 − 9	16 − 7
16 − 8	16 − 9
17 − 8	17 − 9
18 − 9	19 − 11
20 − 19	20 − 1

减法实例抽认卡集 2

第 14 课： 通过使用要测量的英寸方块的迭代,将测量值与具体单位连接起来。

20 − 18	20 − 2
20 − 17	20 − 3
20 − 16	20 − 4
20 − 15	20 − 5
20 − 14	20 − 6

单位的故事

第 14 课熟练度模板 2•7

减法实例抽认卡集 2

第 14 课：通过使用要测量的英寸方块的迭代,将测量值与具体单位连接起来。

单位的故事　　　　　　　　　　　　第 14 课熟练度模板　2•7

20 − 13	20 − 7
20 − 12	20 − 8
20 − 11	20 − 9
20 − 10	

减法实例抽认卡集 2

第 14 课：　　通过使用要测量的英寸方块的迭代,将测量值与具体单位连接起来。

109

A

正确的数字：_____

用 2 进行加减法

1.	0 + 2 =		23.	2 + 4 =	
2.	2 + 2 =		24.	2 + 6 =	
3.	4 + 2 =		25.	2 + 8 =	
4.	6 + 2 =		26.	2 + 10 =	
5.	8 + 2 =		27.	2 + 12 =	
6.	10 + 2 =		28.	2 + 14 =	
7.	12 + 2 =		29.	2 + 16 =	
8.	14 + 2 =		30.	2 + 18 =	
9.	16 + 2 =		31.	0 + 22 =	
10.	18 + 2 =		32.	22 + 22 =	
11.	20 - 2 =		33.	44 + 22 =	
12.	18 - 2 =		34.	66 + 22 =	
13.	16 - 2 =		35.	88 - 22 =	
14.	14 - 2 =		36.	66 - 22 =	
15.	12 - 2 =		37.	44 - 22 =	
16.	10 - 2 =		38.	22 - 22 =	
17.	8 - 2 =		39.	22 + 0 =	
18.	6 - 2 =		40.	22 + 22 =	
19.	4 - 2 =		41.	22 + 44 =	
20.	2 - 2 =		42.	66 + 22 =	
21.	2 + 0 =		43.	888 - 222 =	
22.	2 + 2 =		44.	666 - 222 =	

第 15 课： 应用概念创建英寸标尺；使用英寸标尺测量长度。

B

单位的故事

正确的数字：_____

用 2 进行加减法

提高：_____

1.	2 + 0 =		23.	4 + 2 =	
2.	2 + 2 =		24.	6 + 2 =	
3.	2 + 4 =		25.	8 + 2 =	
4.	2 + 6 =		26.	10 + 2 =	
5.	2 + 8 =		27.	12 + 2 =	
6.	2 + 10 =		28.	14 + 2 =	
7.	2 + 12 =		29.	16 + 2 =	
8.	2 + 14 =		30.	18 + 2 =	
9.	2 + 16 =		31.	0 + 22 =	
10.	2 + 18 =		32.	22 + 22 =	
11.	20 - 2 =		33.	22 + 44 =	
12.	18 - 2 =		34.	66 + 22 =	
13.	16 - 2 =		35.	88 - 22 =	
14.	14 - 2 =		36.	66 - 22 =	
15.	12 - 2 =		37.	44 - 22 =	
16.	10 - 2 =		38.	22 - 22 =	
17.	8 - 2 =		39.	22 + 0 =	
18.	6 - 2 =		40.	22 + 22 =	
19.	4 - 2 =		41.	22 + 44 =	
20.	2 - 2 =		42.	66 + 22 =	
21.	0 + 2 =		43.	666 - 222 =	
22.	2 + 2 =		44.	888 - 222 =	

第 15 课： 应用概念创建英寸标尺；使用英寸标尺测量长度。

A

正确的数字：________

用 3 进行加减法

1.	0 + 3 =	
2.	3 + 3 =	
3.	6 + 3 =	
4.	9 + 3 =	
5.	12 + 3 =	
6.	15 + 3 =	
7.	18 + 3 =	
8.	21 + 3 =	
9.	24 + 3 =	
10.	27 + 3 =	
11.	30 - 3 =	
12.	27 - 3 =	
13.	24 - 3 =	
14.	21 - 3 =	
15.	18 - 3 =	
16.	15 - 3 =	
17.	12 - 3 =	
18.	9 - 3 =	
19.	6 - 3 =	
20.	3 - 3 =	
21.	3 + 0 =	
22.	3 + 3 =	

23.	6 + 3 =	
24.	9 + 3 =	
25.	12 + 3 =	
26.	15 + 3 =	
27.	18 + 3 =	
28.	21 + 3 =	
29.	24 + 3 =	
30.	27 + 3 =	
31.	0 + 33 =	
32.	33 + 33 =	
33.	66 + 33 =	
34.	33 + 66 =	
35.	99 - 33 =	
36.	66 - 33 =	
37.	999 - 333 =	
38.	33 - 33 =	
39.	33 + 0 =	
40.	30 + 3 =	
41.	33 + 3 =	
42.	36 + 3 =	
43.	63 + 33 =	
44.	63 + 36 =	

B

单位的故事　　　　　　　　　　　　　　　　　　　　第 16 课冲刺　2•7

正确的数字：_____

用 3 进行加减法　　　　　　　　　　　　　　　　提高：_____

1.	3 + 0 =		23.	6 + 3 =	
2.	3 + 3 =		24.	9 + 3 =	
3.	3 + 6 =		25.	12 + 3 =	
4.	3 + 9 =		26.	15 + 3 =	
5.	3 + 12 =		27.	18 + 3 =	
6.	3 + 15 =		28.	21 + 3 =	
7.	3 + 18 =		29.	24 + 3 =	
8.	3 + 21 =		30.	27 + 3 =	
9.	3 + 24 =		31.	0 + 33 =	
10.	3 + 27 =		32.	33 + 33 =	
11.	30 - 3 =		33.	33 + 66 =	
12.	27 - 3 =		34.	66 + 33 =	
13.	24 - 3 =		35.	99 - 33 =	
14.	21 - 3 =		36.	66 - 33 =	
15.	18 - 3 =		37.	999 - 333 =	
16.	15 - 3 =		38.	33 - 33 =	
17.	12 - 3 =		39.	33 + 0 =	
18.	9 - 3 =		40.	30 + 3 =	
19.	6 - 3 =		41.	33 + 3 =	
20.	3 - 3 =		42.	36 + 3 =	
21.	0 + 3 =		43.	36 + 33 =	
22.	3 + 3 =		44.	36 + 63 =	

第 16 课：　使用英寸标尺和码尺测量各种对象。

A

答对数目：_____

减法模式

1.	10 - 1 =		23.	21 - 6 =	
2.	10 - 2 =		24.	91 - 6 =	
3.	20 - 2 =		25.	10 - 7 =	
4.	40 - 2 =		26.	11 - 7 =	
5.	10 - 2 =		27.	31 - 7 =	
6.	11 - 2 =		28.	10 - 8 =	
7.	21 - 2 =		29.	11 - 8 =	
8.	51 - 2 =		30.	41 - 8 =	
9.	10 - 3 =		31.	10 - 9 =	
10.	11 - 3 =		32.	11 - 9 =	
11.	21 - 3 =		33.	51 - 9 =	
12.	61 - 3 =		34.	12 - 3 =	
13.	10 - 4 =		35.	82 - 3 =	
14.	11 - 4 =		36.	13 - 5 =	
15.	21 - 4 =		37.	73 - 5 =	
16.	71 - 4 =		38.	14 - 6 =	
17.	10 - 5 =		39.	84 - 6 =	
18.	11 - 5 =		40.	15 - 8 =	
19.	21 - 5 =		41.	95 - 8 =	
20.	81 - 5 =		42.	16 - 7 =	
21.	10 - 6 =		43.	46 - 7 =	
22.	11 - 6 =		44.	68 - 9 =	

B

正确的数字: _____

减法模式

提高: _____

1.	10 - 2 =	
2.	20 - 2 =	
3.	30 - 2 =	
4.	50 - 2 =	
5.	10 - 2 =	
6.	11 - 2 =	
7.	21 - 2 =	
8.	61 - 2 =	
9.	10 - 3 =	
10.	11 - 3 =	
11.	21 - 3 =	
12.	71 - 3 =	
13.	10 - 4 =	
14.	11 - 4 =	
15.	21 - 4 =	
16.	81 - 4 =	
17.	10 - 5 =	
18.	11 - 5 =	
19.	21 - 5 =	
20.	91 - 5 =	
21.	10 - 6 =	
22.	11 - 6 =	

23.	21 - 6 =	
24.	41 - 6 =	
25.	10 - 7 =	
26.	11 - 7 =	
27.	51 - 7 =	
28.	10 - 8 =	
29.	11 - 8 =	
30.	61 - 8 =	
31.	10 - 9 =	
32.	11 - 9 =	
33.	31 - 9 =	
34.	12 - 3 =	
35.	92 - 3 =	
36.	13 - 5 =	
37.	43 - 5 =	
38.	14 - 6 =	
39.	64 - 6 =	
40.	15 - 8 =	
41.	85 - 8 =	
42.	16 - 7 =	
43.	76 - 7 =	
44.	58 - 9 =	

A

答对数目：_____

减法模式

1.	8 - 1 =	
2.	18 - 1 =	
3.	8 - 2 =	
4.	18 - 2 =	
5.	8 - 5 =	
6.	18 - 5 =	
7.	28 - 5 =	
8.	58 - 5 =	
9.	58 - 7 =	
10.	10 - 2 =	
11.	11 - 2 =	
12.	21 - 2 =	
13.	61 - 2 =	
14.	61 - 3 =	
15.	61 - 5 =	
16.	10 - 5 =	
17.	20 - 5 =	
18.	30 - 5 =	
19.	70 - 5 =	
20.	72 - 5 =	
21.	4 - 2 =	
22.	40 - 20 =	

23.	41 - 20 =	
24.	46 - 20 =	
25.	7 - 5 =	
26.	70 - 50 =	
27.	71 - 50 =	
28.	78 - 50 =	
29.	80 - 40 =	
30.	84 - 40 =	
31.	90 - 60 =	
32.	97 - 60 =	
33.	70 - 40 =	
34.	72 - 40 =	
35.	56 - 4 =	
36.	52 - 4 =	
37.	50 - 4 =	
38.	60 - 30 =	
39.	90 - 70 =	
40.	80 - 60 =	
41.	96 - 40 =	
42.	63 - 40 =	
43.	79 - 30 =	
44.	76 - 9 =	

B

减法模式

正确的数字：_____

提高：_____

1.	7 - 1 =	
2.	17 - 1 =	
3.	7 - 2 =	
4.	17 - 2 =	
5.	7 - 5 =	
6.	17 - 5 =	
7.	27 - 5 =	
8.	57 - 5 =	
9.	57 - 6 =	
10.	10 - 5 =	
11.	11 - 5 =	
12.	21 - 5 =	
13.	61 - 5 =	
14.	61 - 4 =	
15.	61 - 2 =	
16.	10 - 2 =	
17.	20 - 2 =	
18.	30 - 2 =	
19.	70 - 2 =	
20.	71 - 2 =	
21.	5 - 2 =	
22.	50 - 20 =	

23.	51 - 20 =	
24.	56 - 20 =	
25.	8 - 5 =	
26.	80 - 50 =	
27.	81 - 50 =	
28.	87 - 50 =	
29.	60 - 30 =	
30.	64 - 30 =	
31.	80 - 60 =	
32.	85 - 60 =	
33.	70 - 30 =	
34.	72 - 30 =	
35.	76 - 4 =	
36.	72 - 4 =	
37.	70 - 4 =	
38.	80 - 40 =	
39.	90 - 60 =	
40.	60 - 40 =	
41.	93 - 40 =	
42.	67 - 40 =	
43.	78 - 30 =	
44.	56 - 9 =	

A

答对数目: _____

跨十加法

1.	9 + 2 =	
2.	9 + 3 =	
3.	9 + 4 =	
4.	9 + 7 =	
5.	7 + 9 =	
6.	10 + 1 =	
7.	10 + 2 =	
8.	10 + 3 =	
9.	10 + 8 =	
10.	8 + 10 =	
11.	8 + 3 =	
12.	8 + 4 =	
13.	8 + 5 =	
14.	8 + 9 =	
15.	9 + 8 =	
16.	7 + 4 =	
17.	10 + 5 =	
18.	6 + 5 =	
19.	7 + 5 =	
20.	9 + 5 =	
21.	5 + 9 =	
22.	10 + 6 =	

23.	4 + 7 =	
24.	4 + 8 =	
25.	5 + 6 =	
26.	5 + 7 =	
27.	3 + 8 =	
28.	3 + 9 =	
29.	2 + 9 =	
30.	5 + 10 =	
31.	5 + 8 =	
32.	9 + 6 =	
33.	6 + 9 =	
34.	7 + 6 =	
35.	6 + 7 =	
36.	8 + 6 =	
37.	6 + 8 =	
38.	8 + 7 =	
39.	7 + 8 =	
40.	6 + 6 =	
41.	7 + 7 =	
42.	8 + 8 =	
43.	9 + 9 =	
44.	4 + 9 =	

第23课: 收集测量数据并记录在表格中;答题并汇总数据集。

B

单位的故事　　　　　　　　　　　　　　　　　　　　　　　第 23 课冲刺练习

正确的数字：_____

跨十加法　　　　　　　　　　　　　　　　　　　　　　　　提高：_____

1.	10 + 1 =		23.	5 + 6 =	
2.	10 + 2 =		24.	5 + 7 =	
3.	10 + 3 =		25.	4 + 7 =	
4.	10 + 9 =		26.	4 + 8 =	
5.	9 + 10 =		27.	4 + 10 =	
6.	9 + 2 =		28.	3 + 8 =	
7.	9 + 3 =		29.	3 + 9 =	
8.	9 + 4 =		30.	2 + 9 =	
9.	9 + 8 =		31.	5 + 8 =	
10.	8 + 9 =		32.	7 + 6 =	
11.	8 + 3 =		33.	6 + 7 =	
12.	8 + 4 =		34.	8 + 6 =	
13.	8 + 5 =		35.	6 + 8 =	
14.	8 + 7 =		36.	9 + 6 =	
15.	7 + 8 =		37.	6 + 9 =	
16.	7 + 4 =		38.	9 + 7 =	
17.	10 + 4 =		39.	7 + 9 =	
18.	6 + 5 =		40.	6 + 6 =	
19.	7 + 5 =		41.	7 + 7 =	
20.	9 + 5 =		42.	8 + 8 =	
21.	5 + 9 =		43.	9 + 9 =	
22.	10 + 8 =		44.	4 + 9 =	

第 23 课：　　收集测量数据并记录在表格中；答题并汇总数据集。

A

答对数目：_____

减法模式

1.	3 - 1 =	
2.	13 - 1 =	
3.	23 - 1 =	
4.	53 - 1 =	
5.	4 - 2 =	
6.	14 - 2 =	
7.	24 - 2 =	
8.	64 - 2 =	
9.	4 - 3 =	
10.	14 - 3 =	
11.	24 - 3 =	
12.	74 - 3 =	
13.	6 - 4 =	
14.	16 - 4 =	
15.	26 - 4 =	
16.	96 - 4 =	
17.	7 - 5 =	
18.	17 - 5 =	
19.	27 - 5 =	
20.	47 - 5 =	
21.	43 - 3 =	
22.	87 - 7 =	

23.	8 - 7 =	
24.	18 - 7 =	
25.	58 - 7 =	
26.	62 - 2 =	
27.	9 - 8 =	
28.	19 - 8 =	
29.	29 - 8 =	
30.	69 - 8 =	
31.	7 - 3 =	
32.	17 - 3 =	
33.	77 - 3 =	
34.	59 - 9 =	
35.	9 - 7 =	
36.	19 - 7 =	
37.	89 - 7 =	
38.	99 - 5 =	
39.	78 - 6 =	
40.	58 - 5 =	
41.	39 - 7 =	
42.	28 - 6 =	
43.	49 - 4 =	
44.	67 - 4 =	

B

单位的故事　　　　　　　　　　　　　　　　　　　　第 24 课冲刺练习

正确的数字：＿＿＿＿＿

减法模式　　　　　　　　　　　　　　　　　　　　　　提高：＿＿＿＿＿

1.	2 - 1 =	
2.	12 - 1 =	
3.	22 - 1 =	
4.	52 - 1 =	
5.	5 - 2 =	
6.	15 - 2 =	
7.	25 - 2 =	
8.	65 - 2 =	
9.	4 - 3 =	
10.	14 - 3 =	
11.	24 - 3 =	
12.	84 - 3 =	
13.	7 - 4 =	
14.	17 - 4 =	
15.	27 - 4 =	
16.	97 - 4 =	
17.	6 - 5 =	
18.	16 - 5 =	
19.	26 - 5 =	
20.	46 - 5 =	
21.	23 - 3 =	
22.	67 - 7 =	

23.	8 - 7 =	
24.	18 - 7 =	
25.	68 - 7 =	
26.	32 - 2 =	
27.	9 - 8 =	
28.	19 - 8 =	
29.	29 - 8 =	
30.	79 - 8 =	
31.	8 - 4 =	
32.	18 - 4 =	
33.	78 - 4 =	
34.	89 - 9 =	
35.	9 - 7 =	
36.	19 - 7 =	
37.	79 - 7 =	
38.	89 - 5 =	
39.	68 - 6 =	
40.	48 - 5 =	
41.	29 - 7 =	
42.	38 - 6 =	
43.	59 - 4 =	
44.	77 - 4 =	

第 24 课：　画一条线图代表测量数据；将测量比例与数轴相关联。

2年级
模块8

A

正确的数字：_____

跨十加法

1.	8 + 1 =		23.	50 + 30 =	
2.	18 + 1 =		24.	58 + 30 =	
3.	28 + 1 =		25.	9 + 3 =	
4.	58 + 1 =		26.	90 + 30 =	
5.	7 + 2 =		27.	97 + 30 =	
6.	17 + 2 =		28.	8 + 4 =	
7.	27 + 2 =		29.	80 + 40 =	
8.	57 + 2 =		30.	83 + 40 =	
9.	6 + 3 =		31.	83 + 4 =	
10.	36 + 3 =		32.	7 + 6 =	
11.	5 + 4 =		33.	70 + 60 =	
12.	45 + 4 =		34.	74 + 60 =	
13.	30 + 9 =		35.	74 + 5 =	
14.	9 + 2 =		36.	73 + 6 =	
15.	39 + 2 =		37.	58 + 7 =	
16.	50 + 8 =		38.	76 + 5 =	
17.	8 + 4 =		39.	30 + 40 =	
18.	58 + 4 =		40.	20 + 70 =	
19.	50 + 20 =		41.	80 + 70 =	
20.	54 + 20 =		42.	34 + 40 =	
21.	70 + 20 =		43.	23 + 50 =	
22.	76 + 20 =		44.	97 + 60 =	

第 1 课: 根据属性描述二维形状。

B

单位的故事　　　　　　　　　第 1 课冲刺练习　　2•8

正确的数字：_____

跨十加法　　　　　　　　　　　　　　　　　　　　　提高：_____

1.	7 + 1 =		23.	50 + 30 =	
2.	17 + 1 =		24.	57 + 30 =	
3.	27 + 1 =		25.	8 + 3 =	
4.	47 + 1 =		26.	80 + 30 =	
5.	6 + 2 =		27.	87 + 30 =	
6.	16 + 2 =		28.	9 + 4 =	
7.	26 + 2 =		29.	90 + 40 =	
8.	46 + 2 =		30.	93 + 40 =	
9.	5 + 3 =		31.	93 + 4 =	
10.	75 + 3 =		32.	8 + 6 =	
11.	5 + 4 =		33.	80 + 60 =	
12.	75 + 4 =		34.	84 + 60 =	
13.	40 + 9 =		35.	84 + 5 =	
14.	9 + 2 =		36.	83 + 6 =	
15.	49 + 2 =		37.	68 + 7 =	
16.	60 + 8 =		38.	86 + 5 =	
17.	8 + 4 =		39.	20 + 30 =	
18.	68 + 4 =		40.	30 + 60 =	
19.	50 + 20 =		41.	90 + 70 =	
20.	56 + 20 =		42.	36 + 40 =	
21.	70 + 20 =		43.	27 + 50 =	
22.	74 + 20 =		44.	94 + 70 =	

第 1 课：　　根据属性描述二维形状。

A

正确的数字：_____

组成一百来进行加法

1.	98 + 3 =		23.	99 + 12 =	
2.	98 + 4 =		24.	99 + 23 =	
3.	98 + 5 =		25.	99 + 34 =	
4.	98 + 8 =		26.	99 + 45 =	
5.	98 + 6 =		27.	99 + 56 =	
6.	98 + 9 =		28.	99 + 67 =	
7.	98 + 7 =		29.	99 + 78 =	
8.	99 + 2 =		30.	35 + 99 =	
9.	99 + 3 =		31.	45 + 98 =	
10.	99 + 4 =		32.	46 + 99 =	
11.	99 + 9 =		33.	56 + 98 =	
12.	99 + 6 =		34.	67 + 99 =	
13.	99 + 8 =		35.	77 + 98 =	
14.	99 + 5 =		36.	68 + 99 =	
15.	99 + 7 =		37.	78 + 98 =	
16.	98 + 13 =		38.	99 + 95 =	
17.	98 + 24 =		39.	93 + 99 =	
18.	98 + 35 =		40.	99 + 95 =	
19.	98 + 46 =		41.	94 + 99 =	
20.	98 + 57 =		42.	98 + 96 =	
21.	98 + 68 =		43.	94 + 98 =	
22.	98 + 79 =		44.	98 + 88 =	

第 2 课： 使用指定的属性构建、识别和分析二维形状。

B

正确的数字：________

组成一百来进行加法

提高：________

1.	99 + 2 =	
2.	99 + 3 =	
3.	99 + 4 =	
4.	99 + 8 =	
5.	99 + 6 =	
6.	99 + 9 =	
7.	99 + 5 =	
8.	99 + 7 =	
9.	98 + 3 =	
10.	98 + 4 =	
11.	98 + 5 =	
12.	98 + 9 =	
13.	98 + 7 =	
14.	98 + 8 =	
15.	98 + 6 =	
16.	99 + 12 =	
17.	99 + 23 =	
18.	99 + 34 =	
19.	99 + 45 =	
20.	99 + 56 =	
21.	99 + 67 =	
22.	99 + 78 =	

23.	98 + 13 =	
24.	98 + 24 =	
25.	98 + 35 =	
26.	98 + 46 =	
27.	98 + 57 =	
28.	98 + 68 =	
29.	98 + 79 =	
30.	25 + 99 =	
31.	35 + 98 =	
32.	36 + 99 =	
33.	46 + 98 =	
34.	57 + 99 =	
35.	67 + 98 =	
36.	78 + 99 =	
37.	88 + 98 =	
38.	99 + 93 =	
39.	95 + 99 =	
40.	99 + 97 =	
41.	92 + 99 =	
42.	98 + 94 =	
43.	96 + 98 =	
44.	98 + 86 =	

EUREKA MATH 第 2 课： 使用指定的属性构建、识别和分析二维形状。 143

姓名 _____   日期 _____

1.	10 + 9 =	21.	3 + 9 =
2.	10 + 1 =	22.	4 + 8 =
3.	11 + 2 =	23.	5 + 9 =
4.	13 + 6 =	24.	8 + 8 =
5.	15 + 5 =	25.	7 + 5 =
6.	14 + 3 =	26.	5 + 8 =
7.	13 + 5 =	27.	8 + 3 =
8.	12 + 4 =	28.	6 + 8 =
9.	16 + 2 =	29.	4 + 6 =
10.	18 + 1 =	30.	7 + 6 =
11.	11 + 7 =	31.	7 + 4 =
12.	13 + 4 =	32.	7 + 9 =
13.	14 + 5 =	33.	7 + 7 =
14.	9 + 4 =	34.	8 + 6 =
15.	9 + 2 =	35.	6 + 9 =
16.	9 + 9 =	36.	8 + 5 =
17.	6 + 9 =	37.	4 + 7 =
18.	8 + 9 =	38.	3 + 9 =
19.	7 + 8 =	39.	8 + 6 =
20.	8 + 8 =	40.	9 + 4 =

姓名 ______________________ 日期 ______________

1.	10 + 8 =	21.	5 + 8 =
2.	4 + 10 =	22.	6 + 7 =
3.	9 + 10 =	23.	_____ + 4 = 12
4.	11 + 5 =	24.	_____ + 7 = 13
5.	13 + 3 =	25.	6 + _____ = 14
6.	12 + 4 =	26.	7 + _____ = 15
7.	16 + 3 =	27.	_____ = 9 + 8
8.	15 + _____ = 19	28.	_____ = 7 + 5
9.	18 + _____ = 20	29.	_____ = 4 + 8
10.	13 + 5 =	30.	3 + 9 =
11.	_____ = 4 + 16	31.	6 + 7 =
12.	_____ = 6 + 12	32.	8 + _____ = 13
13.	_____ = 14 + 6	33.	_____ = 7 + 9
14.	9 + 3 =	34.	6 + 6 =
15.	7 + 9 =	35.	_____ = 7 + 5
16.	_____ + 4 = 11	36.	_____ = 4 + 8
17.	_____ + 6 = 13	37.	20 = 13 + _____
18.	_____ + 5 = 12	38.	18 = _____ + 9
19.	_____ + 8 = 14	39.	16 = _____ + 7
20.	_____ + 9 = 15	40.	20 = 9 + _____

EUREKA MATH 第 3 课： 使用属性绘制不同的多边形，包括三角形、四边形、五边形和六边形。 147

姓名 _____　　　日期 _____

1.	19 - 9 =	21.	15 - 7 =
2.	19 - 11 =	22.	18 - 9 =
3.	17 - 10 =	23.	16 - 8 =
4.	12 - 2 =	24.	15 - 6 =
5.	15 - 12 =	25.	17 - 8 =
6.	18 - 10 =	26.	14 - 6 =
7.	17 - 5 =	27.	16 - 9 =
8.	20 - 9 =	28.	13 - 8 =
9.	14 - 4 =	29.	12 - 5 =
10.	16 - 13 =	30.	19 - 8 =
11.	11 - 2 =	31.	17 - 9 =
12.	12 - 3 =	32.	16 - 7 =
13.	14 - 2 =	33.	14 - 8 =
14.	13 - 4 =	34.	15 - 9 =
15.	11 - 3 =	35.	13 - 7 =
16.	12 - 4 =	36.	12 - 8 =
17.	13 - 2 =	37.	15 - 8 =
18.	14 - 5 =	38.	14 - 9 =
19.	11 - 4 =	39.	12 - 7 =
20.	12 - 5 =	40.	11 - 9 =

第 3 课：　　　使用属性绘制不同的多边形，包括三角形、四边形、五边形和六边形。

姓名 _____ 日期 _____

1.	12 - 3 =	21.	13 - 7 =
2.	13 - 5 =	22.	15 - 9 =
3.	11 - 2 =	23.	18 - 7 =
4.	12 - 5 =	24.	14 - 7 =
5.	13 - 4 =	25.	17 - 9 =
6.	13 - 2 =	26.	12 - 9 =
7.	11 - 4 =	27.	13 - 6 =
8.	12 - 6 =	28.	15 - 7 =
9.	11 - 3 =	29.	16 - 8 =
10.	13 - 6 =	30.	12 - 6 =
11.	____ = 11 - 9	31.	____ = 13 - 9
12.	____ = 13 - 8	32.	____ = 17 - 8
13.	____ = 12 - 7	33.	____ = 14 - 9
14.	____ = 11 - 6	34.	____ = 13 - 5
15.	____ = 13 - 9	35.	____ = 15 - 8
16.	____ = 14 - 8	36.	____ = 18 - 9
17.	____ = 11 - 7	37.	____ = 16 - 7
18.	____ = 15 - 6	38.	____ = 20 - 12
19.	____ = 16 - 9	39.	____ = 20 - 6
20.	____ = 12 - 8	40.	____ = 20 - 17

第 3 课：　　使用属性绘制不同的多边形，包括三角形、四边形、五边形和六边形。

姓名 _____   日期 _____

1.	13 - 4 =	21.	8 + 4 =
2.	15 - 8 =	22.	6 + 7 =
3.	19 - 5 =	23.	9 + 9 =
4.	11 - 7 =	24.	12 - 6 =
5.	9 + 6 =	25.	16 - 7 =
6.	7 + 8 =	26.	13 - 5 =
7.	4 + 7 =	27.	11 - 8 =
8.	13 + 6 =	28.	7 + 9 =
9.	12 - 8 =	29.	5 + 7 =
10.	17 - 9 =	30.	8 + 7 =
11.	14 - 6 =	31.	9 + 8 =
12.	16 - 7 =	32.	11 + 9 =
13.	6 + 8 =	33.	12 - 3 =
14.	7 + 6 =	34.	14 - 5 =
15.	4 + 9 =	35.	20 - 13 =
16.	5 + 7 =	36.	8 - 5 =
17.	9 - 5 =	37.	7 + 4 =
18.	13 - 7 =	38.	13 + 5 =
19.	16 - 9 =	39.	7 + 9 =
20.	14 - 8 =	40.	8 + 11 =

百(位数)	十(位数)	个(位数)

作业区

___

百位数位值图表

第3课： 使用属性绘制不同的多边形,包括三角形、四边形、五边形和六边形。

A

单位的故事 第5课冲刺练习 2•8

正确的数字：_____

减法模式

1.	8 - 1 =	
2.	18 - 1 =	
3.	8 - 2 =	
4.	18 - 2 =	
5.	8 - 5 =	
6.	18 - 5 =	
7.	28 - 5 =	
8.	58 - 5 =	
9.	58 - 7 =	
10.	10 - 2 =	
11.	11 - 2 =	
12.	21 - 2 =	
13.	61 - 2 =	
14.	61 - 3 =	
15.	61 - 5 =	
16.	10 - 5 =	
17.	20 - 5 =	
18.	30 - 5 =	
19.	70 - 5 =	
20.	72 - 5 =	
21.	4 - 2 =	
22.	40 - 20 =	

23.	41 - 20 =	
24.	46 - 20 =	
25.	7 - 5 =	
26.	70 - 50 =	
27.	71 - 50 =	
28.	78 - 50 =	
29.	80 - 40 =	
30.	84 - 40 =	
31.	90 - 60 =	
32.	97 - 60 =	
33.	70 - 40 =	
34.	72 - 40 =	
35.	56 - 4 =	
36.	52 - 4 =	
37.	50 - 4 =	
38.	60 - 30 =	
39.	90 - 70 =	
40.	80 - 60 =	
41.	96 - 40 =	
42.	63 - 40 =	
43.	79 - 30 =	
44.	76 - 9 =	

第5课： 将正方形与立方体相关联，并根据属性描述立方体。

B

正确的数字：_____

减法模式

提高：_____

1.	7 - 1 =		23.	51 - 20 =	
2.	17 - 1 =		24.	56 - 20 =	
3.	7 - 2 =		25.	8 - 5 =	
4.	17 - 2 =		26.	80 - 50 =	
5.	7 - 5 =		27.	81 - 50 =	
6.	17 - 5 =		28.	87 - 50 =	
7.	27 - 5 =		29.	60 - 30 =	
8.	57 - 5 =		30.	64 - 30 =	
9.	57 - 6 =		31.	80 - 60 =	
10.	10 - 5 =		32.	85 - 60 =	
11.	11 - 5 =		33.	70 - 30 =	
12.	21 - 5 =		34.	72 - 30 =	
13.	61 - 5 =		35.	76 - 4 =	
14.	61 - 4 =		36.	72 - 4 =	
15.	61 - 2 =		37.	70 - 4 =	
16.	10 - 2 =		38.	80 - 40 =	
17.	20 - 2 =		39.	90 - 60 =	
18.	30 - 2 =		40.	60 - 40 =	
19.	70 - 2 =		41.	93 - 40 =	
20.	71 - 2 =		42.	67 - 40 =	
21.	5 - 2 =		43.	78 - 30 =	
22.	50 - 20 =		44.	56 - 9 =	

第 5 课： 将正方形与立方体相关联，并根据属性描述立方体。

A

单位的故事　　　　　　　　　第 6 课冲刺　　2•8

正确的数字：_____

加法和减法模式

1.	8 + 3 =	
2.	11 - 3 =	
3.	9 + 2 =	
4.	11 - 2 =	
5.	6 + 5 =	
6.	11 - 6 =	
7.	7 + 4 =	
8.	11 - 7 =	
9.	8 + 4 =	
10.	12 - 4 =	
11.	9 + 3 =	
12.	12 - 3 =	
13.	7 + 5 =	
14.	12 - 7 =	
15.	6 + 6 =	
16.	12 - 6 =	
17.	8 + 6 =	
18.	14 - 8 =	
19.	9 + 4 =	
20.	13 - 9 =	
21.	8 + 7 =	
22.	15 - 8 =	

23.	8 + 8 =	
24.	16 - 8 =	
25.	9 + 6 =	
26.	15 - 9 =	
27.	9 + 9 =	
28.	18 - 9 =	
29.	7 + 7 =	
30.	14 - 7 =	
31.	8 + 9 =	
32.	17 - 8 =	
33.	7 + 9 =	
34.	16 - 7 =	
35.	19 - 6 =	
36.	6 + 7 =	
37.	17 - 6 =	
38.	11 - 7 =	
39.	7 + 6 =	
40.	13 - 7 =	
41.	19 - 7 =	
42.	3 + 8 =	
43.	5 + 8 =	
44.	18 - 5 =	

第 6 课：　组合形状以创建复合形状；从复合形状创建一个新的形状。

B

正确的数字：_____

加法和减法模式   提高：_____

1.	9 + 2 =	
2.	11 − 2 =	
3.	8 + 3 =	
4.	11 − 3 =	
5.	7 + 4 =	
6.	11 − 7 =	
7.	6 + 5 =	
8.	11 − 6 =	
9.	9 + 3 =	
10.	12 − 3 =	
11.	8 + 4 =	
12.	12 − 4 =	
13.	7 + 5 =	
14.	12 − 5 =	
15.	6 + 6 =	
16.	12 − 6 =	
17.	9 + 4 =	
18.	13 − 4 =	
19.	8 + 6 =	
20.	14 − 8 =	
21.	7 + 8 =	
22.	15 − 7 =	

23.	9 + 6 =	
24.	15 − 9 =	
25.	8 + 8 =	
26.	16 − 8 =	
27.	7 + 7 =	
28.	14 − 7 =	
29.	9 + 9 =	
30.	18 − 9 =	
31.	7 + 9 =	
32.	16 − 9 =	
33.	8 + 9 =	
34.	17 − 9 =	
35.	19 − 7 =	
36.	5 + 8 =	
37.	18 − 5 =	
38.	13 − 8 =	
39.	6 + 7 =	
40.	13 − 6 =	
41.	19 − 6 =	
42.	3 + 9 =	
43.	6 + 9 =	
44.	18 − 6 =	

A

正确的数字：_____

减法模式

1.	5 - 1 =		23.	10 - 2 =	
2.	15 - 1 =		24.	11 - 2 =	
3.	25 - 1 =		25.	21 - 2 =	
4.	75 - 1 =		26.	31 - 2 =	
5.	5 - 2 =		27.	51 - 2 =	
6.	15 - 2 =		28.	51 - 12 =	
7.	25 - 2 =		29.	10 - 5 =	
8.	75 - 2 =		30.	11 - 5 =	
9.	4 - 1 =		31.	12 - 5 =	
10.	40 - 10 =		32.	22 - 5 =	
11.	43 - 10 =		33.	32 - 5 =	
12.	43 - 20 =		34.	62 - 5 =	
13.	43 - 21 =		35.	62 - 15 =	
14.	43 - 23 =		36.	72 - 15 =	
15.	12 - 2 =		37.	82 - 15 =	
16.	62 - 2 =		38.	32 - 15 =	
17.	62 - 12 =		39.	10 - 9 =	
18.	18 - 8 =		40.	11 - 9 =	
19.	78 - 8 =		41.	51 - 9 =	
20.	78 - 18 =		42.	51 - 10 =	
21.	41 - 11 =		43.	51 - 19 =	
22.	92 - 12 =		44.	65 - 46 =	

第 9 课： 将圆和矩形划分为相等的部分，并将这些部分描述为一半，三分之一或四分之一。

单位的故事　　　　　　　　　　　　　　　　　　　　　　　第 9 课冲刺练习　2•8

B

正确的数字：_____

减法模式　　　　　　　　　　　　　　　　　　　　　　　　提高：_____

1.	4 - 1 =		23.	10 - 5 =	
2.	14 - 1 =		24.	11 - 5 =	
3.	24 - 1 =		25.	21 - 5 =	
4.	74 - 1 =		26.	31 - 5 =	
5.	5 - 3 =		27.	51 - 5 =	
6.	15 - 3 =		28.	51 - 15 =	
7.	25 - 3 =		29.	10 - 9 =	
8.	75 - 3 =		30.	11 - 9 =	
9.	3 - 1 =		31.	12 - 9 =	
10.	30 - 10 =		32.	22 - 9 =	
11.	32 - 10 =		33.	32 - 9 =	
12.	32 - 20 =		34.	62 - 9 =	
13.	32 - 21 =		35.	62 - 19 =	
14.	32 - 22 =		36.	72 - 19 =	
15.	15 - 5 =		37.	82 - 19 =	
16.	65 - 5 =		38.	32 - 19 =	
17.	65 - 15 =		39.	10 - 2 =	
18.	16 - 6 =		40.	11 - 2 =	
19.	76 - 6 =		41.	51 - 2 =	
20.	76 - 16 =		42.	51 - 10 =	
21.	51 - 11 =		43.	51 - 12 =	
22.	82 - 12 =		44.	95 - 76 =	

第 9 课：　将圆和矩形划分为相等的部分，并将这些部分描述为一半，三分之一或四分之一。

A

单位的故事 第10课冲刺 2•8

正确的数字：_____

加法模式

1.	8 + 2 =		23.	18 + 6 =	
2.	18 + 2 =		24.	28 + 6 =	
3.	38 + 2 =		25.	16 + 8 =	
4.	7 + 3 =		26.	26 + 8 =	
5.	17 + 3 =		27.	18 + 7 =	
6.	37 + 3 =		28.	18 + 8 =	
7.	8 + 3 =		29.	28 + 7 =	
8.	18 + 3 =		30.	28 + 8 =	
9.	28 + 3 =		31.	15 + 9 =	
10.	6 + 5 =		32.	16 + 9 =	
11.	16 + 5 =		33.	25 + 9 =	
12.	26 + 5 =		34.	26 + 9 =	
13.	18 + 4 =		35.	14 + 7 =	
14.	28 + 4 =		36.	16 + 6 =	
15.	16 + 6 =		37.	15 + 8 =	
16.	26 + 6 =		38.	23 + 8 =	
17.	18 + 5 =		39.	25 + 7 =	
18.	28 + 5 =		40.	15 + 7 =	
19.	16 + 7 =		41.	24 + 7 =	
20.	26 + 7 =		42.	14 + 9 =	
21.	19 + 2 =		43.	19 + 8 =	
22.	17 + 4 =		44.	28 + 9 =	

第10课： 将圆和矩形划分为相等的部分，并将这些部分描述为一半，三分之一或四分之一。

B

单位的故事 第10课冲刺 2•8

正确的数字: _____

加法模式 提高: _____

1.	9 + 1 =		23.	19 + 5 =	
2.	19 + 1 =		24.	29 + 5 =	
3.	39 + 1 =		25.	17 + 7 =	
4.	6 + 4 =		26.	27 + 7 =	
5.	16 + 4 =		27.	19 + 6 =	
6.	36 + 4 =		28.	19 + 7 =	
7.	9 + 2 =		29.	29 + 6 =	
8.	19 + 2 =		30.	29 + 7 =	
9.	29 + 2 =		31.	17 + 8 =	
10.	7 + 4 =		32.	17 + 9 =	
11.	17 + 4 =		33.	27 + 8 =	
12.	27 + 4 =		34.	27 + 9 =	
13.	19 + 3 =		35.	12 + 9 =	
14.	29 + 3 =		36.	14 + 8 =	
15.	17 + 5 =		37.	16 + 7 =	
16.	27 + 5 =		38.	28 + 6 =	
17.	19 + 4 =		39.	26 + 8 =	
18.	29 + 4 =		40.	24 + 8 =	
19.	17 + 6 =		41.	13 + 8 =	
20.	27 + 6 =		42.	24 + 9 =	
21.	18 + 3 =		43.	29 + 8 =	
22.	26 + 5 =		44.	18 + 9 =	

第10课: 将圆和矩形划分为相等的部分,并将这些部分描述为一半,三分之一或四分之一。

EUREKA MATH

Copyright © Great Minds PBC

A

正确的数字：_____

用 5 进行加减法

1.	0 + 5 =		23.	10 + 5 =	
2.	5 + 5 =		24.	15 + 5 =	
3.	10 + 5 =		25.	20 + 5 =	
4.	15 + 5 =		26.	25 + 5 =	
5.	20 + 5 =		27.	30 + 5 =	
6.	25 + 5 =		28.	35 + 5 =	
7.	30 + 5 =		29.	40 + 5 =	
8.	35 + 5 =		30.	45 + 5 =	
9.	40 + 5 =		31.	0 + 50 =	
10.	45 + 5 =		32.	50 + 50 =	
11.	50 - 5 =		33.	50 + 5 =	
12.	45 - 5 =		34.	55 + 5 =	
13.	40 - 5 =		35.	60 - 5 =	
14.	35 - 5 =		36.	55 - 5 =	
15.	30 - 5 =		37.	60 + 5 =	
16.	25 - 5 =		38.	65 + 5 =	
17.	20 - 5 =		39.	70 - 5 =	
18.	15 - 5 =		40.	65 - 5 =	
19.	10 - 5 =		41.	100 + 50 =	
20.	5 - 5 =		42.	150 + 50 =	
21.	5 + 0 =		43.	200 - 50 =	
22.	5 + 5 =		44.	150 - 50 =	

第 14 课： 说明到最近五分钟的时间。

B

单位的故事 　　　　　　　　　　　　　　　第 14 课冲刺　　2•8

正确的数字：＿＿＿＿

用 5 进行加减法　　　　　　　　　　　　　　　提高：＿＿＿＿

1.	5 + 0 =	
2.	5 + 5 =	
3.	5 + 10 =	
4.	5 + 15 =	
5.	5 + 20 =	
6.	5 + 25 =	
7.	5 + 30 =	
8.	5 + 35 =	
9.	5 + 40 =	
10.	5 + 45 =	
11.	50 − 5 =	
12.	45 − 5 =	
13.	40 − 5 =	
14.	35 − 5 =	
15.	30 − 5 =	
16.	25 − 5 =	
17.	20 − 5 =	
18.	15 − 5 =	
19.	10 − 5 =	
20.	5 − 5 =	
21.	0 + 5 =	
22.	5 + 5 =	

23.	10 + 5 =	
24.	15 + 5 =	
25.	20 + 5 =	
26.	25 + 5 =	
27.	30 + 5 =	
28.	35 + 5 =	
29.	40 + 5 =	
30.	45 + 5 =	
31.	50 + 0 =	
32.	50 + 50 =	
33.	5 + 50 =	
34.	5 + 55 =	
35.	60 − 5 =	
36.	55 − 5 =	
37.	5 + 60 =	
38.	5 + 65 =	
39.	70 − 5 =	
40.	65 − 5 =	
41.	50 + 100 =	
42.	50 + 150 =	
43.	200 − 50 =	
44.	150 − 50 =	

第 14 课：　　说明到最近五分钟的时间。

铭谢

Great Minds®竭尽全力获得转载所有版权教材的许可。如对任何版权材料的拥有人未在此致谢，请联系Great Minds，以在未来的版本以及本模块的转载中获得正确的致谢。

Printed by Libri Plureos GmbH in Hamburg, Germany